WTB Wissenschaftliche Taschenbücher

WERNER HABERDITZL
Magnetochemie

A. A. SOKOLOW
Elementarteilchen

HEINZ AHRENS
Varianzanalyse

HANS-JÜRGEN TREDER
Relativität und Kosmos
Raum und Zeit in Physik, Astronomie und Kosmologie

ALBERT EINSTEIN
Grundzüge der Relativitätstheorie

ALBERT EINSTEIN
Über die spezielle und die allgemeine Relativitätstheorie

GÜNTHER LUDWIG
Wellenmechanik. Einführung und Originaltexte

HARRY PAUL
Lasertheorie, Teil I und II

FRANZ RUDOLF KESSLER
Einführung in die physikalischen Grundlagen der Kernenergiegewinnung

D. TER HAAR
Quantentheorie. Einführung und Originaltexte

J. H. SANDERS
Die Lichtgeschwindigkeit. Einführung und Originaltexte

JEAN KUNTZMANN
Unendliche Reihen
Mathematische Hilfsmittel der Physik und Chemie
Mit 94 Übungen und 29 Aufgaben

Wissenschaftliche Taschenbücher WTB

Mathematatik · Physik

Volker Kempe

Theorie stochastischer Systeme

THEORIA CUM PRAXI

Akademie-Verlag · Berlin

HARRY PFEIFER
Halbleiterelektronik
Elektronik für den Physiker VI

GERHARD HÜBNER / KLAUS JUNG / ECKART WINKLER
Die Rolle des Wassers in biologischen Systemen

STEPHEN G. BRUSH
Kinetische Theorie, Teil I und II
Einführung und Originaltexte

EBERHARD HOFMANN
Eiweiße und Nucleinsäuren als biologische Makromoleküle
Dynamische Biochemie, Teil I

EBERHARD HOFMANN
Enzyme und energieliefernde Stoffwechselreaktionen
Dynamische Biochemie, Teil II

EBERHARD HOFMANN
Intermediärstoffwechsel
Dynamische Biochemie, Teil III

EBERHARD HOFMANN
Grundlagen der Molekularbiologie
und Regulation des Zellstoffwechsels
Dynamische Biochemie, Teil IV

HERBERT GOERING
Elementare Methoden zur Lösung
von Differentialgleichungsproblemen

PETER KRUMBIEGEL
Isotopieeffekte

D. M. BRINK
Kernkräfte. Einführung und Originaltexte

DIETER ONKEN
Steroide
Zur Chemie und Anwendung

HEINZ GEILER
Ökologie der Land- und Süßwassertiere

ARTHUR P. CRACKNELL
Angewandte Gruppentheorie. Einführung und Originaltexte

DIETER KLAUA
Elementare Axiome der Mengenlehre

GÜNTER TEMBROCK
Grundlagen der Tierpsychologie

J. F. VINSON
Optische Kohärenz
in der klassischen Theorie und in der Quantentheorie

W. R. HINDMARSH
Atomspektren. Einführung und Originaltexte

GÜNTER TEMBROCK
Biokommunikation
Informationsübertragung im biologischen Bereich
Teil I und II

ADOLF ZSCHUNKE
Kernmagnetische Resonanzspektroskopie
in der organischen Chemie

DIETER MERKEL
Riechstoffe

JOHN CUNNINGHAM
Vektoren

GEORG DAUTCOURT
Relativistische Astrophysik

ERNST SCHMUTZER
Symmetrien und Erhaltungssätze der Physik

GERHARD LERCH
Pflanzenökologie

MICHAEL GÖSSEL
Angewandte Automatentheorie I
Grundbegriffe

MICHAEL GÖSSEL
Angewandte Automatentheorie II
Lineare Automaten und Schieberegister

HEINRICH KINDLER
Der Regelkreis. Eine Einführung

A. R. KESSEL
Akustische Kernresonanz

WOLFRAM BRAUER / HANS-WALDEMAR STREITWOLF
Theoretische Grundlagen der Halbleiterphysik

HARRY PAUL
Nichtlineare Optik, Teil I und II

HANS BANDEMER / ANDREAS BELLMANN
WOLFHART JUNG / KLAUS RICHTER
Optimale Versuchsplanung

DIETRICH BENDER / ERNST-EGON PIPPIG
Einheiten, Maßsysteme, SI

DIETER KLAUA
Grundbegriffe der axiomatischen Mengenlehre, Teil I und II

E. G. GOLSTEIN
Konvexe Optimierung. Die Elemente der Theorie

HELMUT FRIEMEL / JOSEF BROCK
Grundlagen der Immunologie

SIEGFRIED HAUPTMANN
Über den Ablauf organisch-chemischer Reaktionen

EBERHARD TEUSCHER
Pharmakognosie, Teil I und II

JOACHIM NITSCHMANN
Entwicklung bei Mensch und Tier
Embryologie

R. A. R. TRICKER
Frühe Elektrodynamik

L. A. SKORNJAKOW
Elemente der Verbandstheorie

KONRAD KREHER
Festkörperphysik

N. D. SHEWANDROW
Polarisation des Lichtes

HANS-MARTIN BARCHET
Chemie photographischer Prozesse

DIETER KLAUA
Kardinal- und Ordinalzahlen, Teil I und II

VOLKER KEMPE
Theorie stochastischer Systeme

Vorschau auf die nächsten Bände:

A. A. SMIRNOW
Metallphysik

A. S. SONIN / B. A. STRUKOW
Ferroelektrizität

ROLF BORSDORF / MANFRED SCHOLZ
Spektroskopische Methoden in der organischen Chemie

WTB

BAND 136

Volker Kempe

Theorie stochastischer Systeme

Wahrscheinlichkeitstheoretische Grundlagen der Analyse und Synthese

Mit 10 Abbildungen

AKADEMIE-VERLAG · BERLIN

Reihe MATHEMATIK UND PHYSIK

Verfasser:

Dr.-Ing. V. Kempe

Institut für Elektronik
der Akademie der Wissenschaften der DDR

1974

Lizenznummer: 202 · 100/423/74
Herstellung: VEB Druckhaus „Maxim Gorki", 74 Altenburg
Bestellnummer: 761 841 4 (7136). LSV 1074
Printed in GDR
EVP 8,–

Inhaltsverzeichnis

Einleitung

In den letzten Jahrzehnten verstärkt sich besonders innerhalb der technischen Wissenschaften das Interesse an Analyse- und Synthesemethoden, die nicht nur an determinierte Systeme gebunden sind, sondern dem Zufallscharakter bestimmter Einflußgrößen Rechnung tragen. Der Zufallscharakter der Einflußgrößen kann dabei völlig verschiedener Art sein: Betrachtet man beispielsweise, wie in der Nachrichtentechnik häufig notwendig, Signale, die durch die natürlichen Fluktuationen des Ausbreitungsmediums, das Eingangsrauschen der Empfangsanlage usw. verzerrt werden, so kommt der Zufallscharakter durch die Mikrostruktur des Mediums, der Bauelemente usf. zustande. Eine andere Art von Zufälligkeit liegt vor, wenn man ein Regelungssystem betrachtet, das für die Steuerung eines teilweise unbekannten Objektes verwendet wird. Hier wird der Zufallscharakter des Steuerergebnisses in erster Linie durch die ungenügende Kenntnis des Regelobjektes bedingt, trägt also subjektiven Charakter. Diese beiden Beispiele mögen genügen, um den Anwendungsbereich der statistischen Methoden zu umreißen.

Die mathematischen Grundlagen für die Erarbeitung von Methoden zur Behandlung derartiger Systeme liefert die moderne Wahrscheinlichkeitstheorie. Die besonders in den letzten beiden Jahrzehnten entstandenen Analyse- und Synthesemethoden sowie die vielfältigen Anwendungsbeispiele in Wissenschaft und Technik sind jedoch über eine große Zahl von Fachzeitschriften und einige Monographien verstreut, so daß dem interessierten Leser die systematische Einführung in die Theorie stochastischer

Systeme nicht einfach gemacht wird. Der vorliegende sowie die geplanten Bände sollen helfen, diese in der deutschsprachigen Literatur besonders fühlbare Lücke zu schließen. Allerdings muß man dabei berücksichtigen, daß die enorme Dynamik dieses Gebietes, die ständig wachsende Flut von Publikationen, die laufende Erweiterung und Vertiefung der Theorie stochastischer Systeme von vornherein eine Beschränkung auf ausgewählte Teilgebiete notwendig machen.

Vorliegender Band soll den Leser mit dem notwendigsten Handwerkszeug vertraut machen, welches zum Umgang mit den statistischen Analyse- und Synthesemethoden benötigt wird. In den nachfolgenden Teilen sollen dann praktisch anwendbare Analyse- und Synthesemethoden behandelt werden, wobei entsprechend den Neigungen des Autors Beispiele und Anwendungsmöglichkeiten in der Nachrichtentechnik im Vordergrund stehen. Trotzdem dürften die dargelegten Methoden ebenfalls für Steuer- und Regelungstechniker, Spezialisten auf dem Gebiet der angewandten Mathematik u. a. von Interesse sein.

Die Schwierigkeit beim Abfassen einer derartigen Serie besteht darin, daß der einführende Band die notwendigen Voraussetzungen für das Verständnis der nächsten Teile vermitteln muß, dem Praktiker jedoch noch keine Methoden zur Lösung der ihn interessierenden Probleme vermitteln kann und deshalb gewissermaßen den sauren Apfel darstellt, in den man hineinbeißen muß, um die süßen zu erlangen.

Die Serie wendet sich in erster Linie an Absolventen Technischer Hochschulen und Universitäten. Wir verzichten deshalb an vielen Stellen bewußt auf mathematische Exaktheit zugunsten größerer Anschaulichkeit. Vorausgesetzt werden nur Kenntnisse der Mathematik im Umfang der Ingenieurausbildung an Hochschulen und Universitäten. Um denjenigen, die wenig Berührung mit den Grundlagen der Wahrscheinlichkeitstheorie hatten, das Lesen zu erleichtern, wurde in Kapitel 1 nochmals kurz auf die Anfangsgründe der Wahrscheinlichkeitsrechnung eingegangen. Trotzdem ist zur Festigung der Grundkenntnisse die Lektüre der ersten Kapitel z. B. des „Lehrbuches der Wahrscheinlichkeitsrechnung" von Gnedenko [9] zu empfehlen.

Die Literaturangaben beziehen sich auf die unmittelbar bei der Abfassung verwendeten Arbeiten und erheben keinerlei Anspruch auf Vollständigkeit.

1. Grundbegriffe der Wahrscheinlichkeitstheorie

Die Methoden zur Behandlung stochastischer Systeme sind dem Zufallscharakter der einwirkenden Faktoren angepaßt und deshalb wahrscheinlichkeitstheoretischer Natur. Bevor wir zur Beschreibung von Zufallsfunktionen übergehen, wollen wir uns deshalb kurz die Grundbegriffe der Wahrscheinlichkeitstheorie ins Gedächtnis zurückrufen.

1.1. Zufallsereignis und Modellbildung

Betrachtet werde ein Ereignis, das aus der Anschauung heraus wohl als typisches Zufallsereignis angesehen werden kann — das Ergebnis des Hochwerfens einer Münze. Die möglichen Versuchsergebnisse sind Wappen oder Zahl. Der Zufallscharakter besteht darin, daß das Ergebnis des Versuches nicht vorausbestimmbar ist. Zufallsereignisse sind also Ereignisse, deren Eintreten vor dem Versuch nicht vorausgesagt werden kann, bei denen somit immer eine Unsicherheit bezüglich des Versuchsausgangs besteht. Bleibt man bei dem Münzversuch, und setzt der Einfachheit halber voraus, daß das Versuchsergebnis im Moment des Abfluges vorhergesagt werden soll, so sieht man, daß diese Unsicherheit bis zu gewissen Grenzen subjektiven Charakter trägt. Gelänge es uns nämlich, Anfangsgeschwindigkeit, -ort und -lage der Münze im Moment des Hochwerfens genau zu bestimmen, so könnten wir die weitere Bahn der Münze exakt berechnen, den Ort des Auftreffens auf die Unterlage bestimmen, den Impuls im Moment des Auftreffens ermitteln und bei Kenntnis der mechanischen

Eigenschaften des Fußbodens und der Münze das weitere Rollen, Umkippen etc. bis zur Ruhelage vorhersagen. Obwohl die Rechnungen außerordentlich kompliziert wären, sind sie doch prinzipiell möglich.

Wir sehen also, daß der Zufallscharakter eines Ereignisses von den Versuchsbedingungen entscheidend beeinflußt wird. Wenn man den Münzversuch als typisches Experiment bezeichnet, dessen Ergebnisse Zufallsereignisse sind, so setzt man stillschweigend voraus, daß die Versuchsbedingungen lediglich darin bestehen, daß einer der beim Versuch Anwesenden die Münze wirft, ohne daß den Beobachtenden die Möglichkeit gegeben ist, beispielsweise Anfangslage, -ort und Geschwindigkeit der Münze im Raum quantitativ zu bestimmen bzw. die entsprechenden Kenntnisse aus welchen Gründen auch immer, praktisch zu verwenden. Der Komplex der erfaßten Versuchsbedingungen besteht also lediglich in der Tatsache des Wurfes einer Münze bestimmter Eigenschaften bei Vorhandensein einer Unterlage, auf die das Geldstück auftrifft und zur Ruhe kommt. Erweitert man den Komplex der erfaßten Versuchsbedingungen, indem man Anfangsparameter der Münze, mechanische Eigenschaften des Bodens und der Unterlage usw. mit einbezieht, so kann man das Versuchsergebnis zumindest prinzipiell mit immer größerer Sicherheit voraussagen, die Zufälligkeit des Versuchsausganges immer stärker einengen.

Es erhebt sich nun die Frage, inwieweit eine Eliminierung der Zufälligkeit überhaupt möglich ist. Im Münzversuch kann der erfaßte Versuchskomplex beispielsweise zumindest prinzipiell alle meßbaren makroskopischen Zustandsgrößen wie Luftkonvektion und -dichte, die ja die Flugbahn der Münze ebenfalls beeinflussen, exakte geometrische Konfiguration der Münze und der Unterlage, Masseverteilung innerhalb des Geldstücks usw. beinhalten. Bei der Berücksichtigung von immer mehr Einflußfaktoren durch den Komplex der erfaßten Versuchsbedingungen kommt man aber an irgend einer Stelle mit der Mikrostruktur der Materie in Berührung, die z. B. durch Stöße der Elementarteilchen des umgebenden Mediums mit den Elementarteilchen des Objektes Münze Berücksichtigung finden müßte. Obwohl im betrachteten Münzversuch diese Faktoren erfahrungsgemäß praktisch überhaupt keine Rolle mehr spielen, ist eine merkliche Änderung der Münztrajektorie im Ergebnis der elementaren Wechselwirkungen zumindest denkbar und nicht a priori auszuschließen. Hier kommen wir mit zwei Umständen in Berührung, die prinzipielle Aussagen über den Zufallscharakter in der Natur auftretender Erscheinungen und Prozesse nach sich ziehen. Einmal sehen wir, daß jedes reale Ereignis wenigstens prinzipiell durch eine unendliche Anzahl von Wechselwirkungen beeinflußt wird und damit alle Versuchsbedingungen prinzipiell nicht erfaßbar sind, zum anderen wissen wir aus der Quantenmechanik, daß alle Elementarteilchenprozesse objektiv Zufallscharakter tragen. Bekanntlich ist es prinzipiell unmöglich, z. B. Ort und Geschwindigkeit eines Elementarteilchens gleichzeitig anzugeben oder zu messen, beide Variablen sind nur mit einem bestimmten Maß an Sicherheit innerhalb eines vorgegebenen Intervalls eingrenzbar (die Vorstellung des Elementarteilchens als Teilchen bestimmter geometrischer Abmessungen verliert außerdem ihre Berechtigung).

Nicht aus Modegründen werden hier die Konsequenzen der HEISENBERGschen Ungleichung gestreift, sondern weil das Problem der Modellbildung mitunter eine entscheidende Rolle bei der Anwendung der Wahrscheinlichkeitstheorie spielt. Aus den obigen Betrachtungen müssen wir nämlich die Schlußfolgerung ziehen, daß alle realen Ereignisse in mehr oder weniger starkem Maße Zufallscharakter besitzen. Ein determiniertes Ereignis (oder ein determinierter Prozeß) ist deshalb eine Abstraktion, die nur innerhalb eines Modells möglich ist. Dieses physikalisch nichtrealisierbare Modell kann offensichtlich nur eine endliche Anzahl von Wechselwirkungen des realen Prozesses mit der Umwelt berücksichtigen und muß die quantenmechanisch bedingte objektive Zufälligkeit der Elementarprozesse ausschließen. Für ein überwiegend großes Tätigkeitsfeld des Menschen spiegeln derartige determinierte Modelle die realen Erscheinungen auch praktisch völlig befriedigend wider.

Die Notwendigkeit wahrscheinlichkeitstheoretischer Methoden wird nun durch den Einfluß der nichterfaßten Versuchsbedingungen verursacht. Spielen sie praktisch keine Rolle, so können die Untersuchungen im Rahmen eines determinierten Modells durchgeführt werden. Besteht die Möglichkeit der Vernachlässigung der nichterfaßten Versuchsbedingungen nicht mehr, so muß ein Modell zur Berücksichtigung ihres Einflusses geschaffen werden. Dabei braucht dieses Modell in vielen Fällen gar nicht die unendliche Vielfalt der Wechselwirkungen und den quantenmechanisch bedingten Zufallscharakter berücksichtigen, sondern nur die subjektive Unkenntnis eines Teils der makroskopischen Versuchsbedingungen widerzuspiegeln, im Falle des Münzversuchs also beispielsweise die subjektive Unkenntnis von Anfangslage, -ort und -geschwindigkeit der geworfenen Münze. Wir werden deshalb etwas frei die Zufallserscheinungen, bei denen die Mikrostruktur oder Unendlichkeit der Anzahl der Wechselwirkungen mit dem Objekt und bzw. oder der quantenmechanische Zufallscharakter die entscheidende Rolle spielen, als Zufallsereignisse mit objektivem Zufallscharakter bezeichnen, während Zufallsereignisse, bei denen der Zufallscharakter in erster Linie durch subjektive Unkenntnis bestimmter Versuchsbedingungen bedingt wird, als Zufallsereignisse mit subjektivem Zufallscharakter bezeichnet werden sollen. In der technischen Praxis spielen sehr oft beide Arten gleichzeitig eine Rolle.

Unabhängig vom jeweiligen Zufallscharakter müssen bei der Anwendung der Wahrscheinlichkeitstheorie im Unterschied zu den „determinierten“ Wissenschaften zwei Modellteile gebildet werden, ein Modell der erfaßten

Versuchsbedingungen und ein Modell der beim Versuch nichterfaßten Bedingungen bzw. ihrer Wirkung, wobei es in diesem Falle bedeutungslos ist, ob die nichterfaßten Versuchsbedingungen prinzipiell nichterfaßbar sind oder nicht. Beide Modellteile zusammen ergeben erst das Modell der Bedingungen eines Versuches, dessen Ausgang Zufallscharakter trägt.

Die Bildung von zwei Modellen birgt an sich noch keine besondere Schwierigkeit in sich. Jedoch muß man sich bei Zufallsereignissen mit subjektiven Zufallscharakter darüber im klaren sein, daß das Modell der nichterfaßten Versuchsbedingungen die subjektive Unkenntnis bestimmter Versuchsbedingungen, die objektiv existiert, widerspiegelt, also die Abbildung einer Subjekt-Objekt-Beziehung darstellt. Diese Situation ist typisch für viele Schätzungsprobleme in der Technik, bei denen sehr oft der Zufallscharakter nur durch ungenügende Kenntnis bestimmter Objektparameter oder anderer Einflußfaktoren bedingt wird. Die Abbildung der Subjekt-Objekt-Beziehungen bereitet mitunter einige Schwierigkeiten, weil man sehr oft geneigt ist, jedem Zufallsereignis objektive, vom Subjekt unabhängige Eigenschaften zuzuschreiben.

Die Bildung des Modells zur Berücksichtigung des Einflusses der nichterfaßten Versuchsbedingungen setzt die Verwendung wahrscheinlichkeitstheoretischer Begriffe voraus. Beim Münzversuch können wir beispielsweise voraussetzen, daß der Anfangszustand (Lage, Ort, Geschwindigkeit) gewisse Symmetrieeigenschaften aufweist, die Abweichungen des Anfangszustandes von einem bestimmten mittleren Zustand (der nicht bekannt zu sein braucht) in einer sehr langen Versuchsserie also so gestaltet sind, daß bei symmetrischer Münzkonfiguration etc. ungefähr genau so viel Anfangszustände auftreten, die das Versuchsergebnis „Zahl" nach sich ziehen wie auch Anfangszustände, die den Versuchsausgang „Wappen" bedingen. Hier wurden die Anfangszustände in zwei gleichwahrscheinliche symmetrische Klassen eingeteilt, die bei einem bestimmten Komplex der erfaßten Versuchsbedingungen (Münzsymmetrie usw.) die erwartete Gleichwahrscheinlichkeit des Versuchsergebnisses bewirken.

Zur Untersuchung der Spannungsfluktuationen an einem ohmschen Widerstand kann das Modell der erfaßten Versuchsbedingungen beispielsweise Größe des Widerstandes und seine Temperatur beinhalten, während das Modell der nichterfaßten Versuchsbedingungen durch eine parallel geschaltete Stromquelle, die annähernd weißes Gaussches Rauschen erzeugt, berücksichtigt wird. Bei dieser Modellbildung werden schon umfangreiche physikalische und wahrscheinlichkeitstheoretische Kenntnisse verwendet.

1.2. Grundbegriffe der Wahrscheinlichkeitstheorie

Ein Ereignis wird als sicher bezeichnet, wenn es im Ergebnis des Versuchs mit Notwendigkeit eintreten muß. So ist das Ereignis, das im Auftreten von Wappen oder Zahl im Ergebnis des Münzwurfversuches besteht, ein sicheres Ereignis (wenn die Möglichkeit des zur Ruhekommens der Münze auf ihrer Kante aus der Betrachtung ausgeschlossen wird, was natürlich eine modellbedingte Idealisierung ist).

Dem sicheren Ereignis E wird die Wahrscheinlichkeit $P(E) = 1$ zugeordnet.

Das Ereignis θ wird als unmöglich bezeichnet, wenn es mit Sicherheit nicht eintreten kann. Diesem Ereignis wird die Wahrscheinlichkeit $P(\theta) = 0$ zugeordnet.[1])

Das Ereignis C, das im Eintreten entweder von A oder B oder beider besteht (also im Eintreten wenigstens

---

[1]) Sichere und unmögliche Ereignisse werden der Vollständigkeit halber mit in die Menge der Zufallsereignisse einbezogen, obwohl sie keinen Zufallscharakter tragen. Man beachte, daß aus $P(A) = 1$ und $P(B) = 0$ nicht folgt, daß A ein sicheres bzw. B ein unmögliches Ereignis ist.

eines der Ereignisse A oder B) wird als Summe der Ereignisse A und B bezeichnet:

$$A + B = C. \tag{1.1}$$

Das Ereignis C, das im Eintreten sowohl von A als auch von B besteht, wird als Produkt der Ereignisse A und B bezeichnet:

$$C = A \cdot B. \tag{1.2}$$

Offensichtlich gilt für ein beliebiges Ereignis A

$$\begin{aligned} A + E &= E, \\ A \cdot E &= A, \\ A \cdot \theta &= \theta. \end{aligned} \tag{1.3}$$

Zwei Ereignisse A und B heißen unvereinbar, wenn

$$A \cdot B = \theta, \tag{1.4}$$

wenn also beide zusammen nicht auftreten können. Beim Münzversuch sind die Ereignisse Wappen und Zahl unvereinbar.

Ein Ereignis $\bar{A}$ wird als komplementär zu A bezeichnet, wenn gleichzeitig gilt

$$A + \bar{A} = E; \quad A \cdot \bar{A} = \theta. \tag{1.5}$$

$\bar{A}$ ist offensichtlich das Ereignis, das im Nichteintreten von A besteht, wenn $\bar{A}$ und A zusammen ein sicheres Ereignis bilden. Beim Münzwurf sind die Ereignisse Wappen und Zahl komplementär, da sie ja unvereinbar waren und zusammen ein sicheres Ereignis bilden. Im Gegensatz dazu sind natürlich beim Würfelspiel, wo mehr als zwei Versuchsausgänge existieren, das Auftreten der 1 und das Auftreten der 2 zwar unvereinbar, aber nicht komplementär, da noch die Ereignisse 3, 4, 5 und 6 Augen möglich sind.

Eine Anzahl von Ereignissen $A_1, \ldots, A_n$ bildet eine vollständige Gruppe, wenn

$$A_1 + A_2 + \cdots + A_n = E, \tag{1.6}$$

wenn also im Ergebnis des Versuchs wenigstens eins von ihnen mit Sicherheit eintreten muß.

Mit diesen Definitionen können wir uns nun dem Problem der Bestimmung der Wahrscheinlichkeit von Zufallsereignissen zuwenden. Da das sichere Ereignis die Wahrscheinlichkeit 1, das unmögliche – die Wahrscheinlichkeit Null besitzt, ist eine obere und untere Grenze für die Wahrscheinlichkeit eines beliebigen Zufallsereignisses A geschaffen:

$$0 \leqq P(A) \leqq 1. \tag{1.7}$$

Welcher Zahlenwert soll für die Wahrscheinlichkeit des Ereignisses A eingesetzt werden?

Wenn A ein kompliziertes Ereignis ist, das mit einer Reihe anderer Ereignisse logisch verknüpft ist (z. B. $A = A_1 + A_2 + \cdots + A_n$), deren Wahrscheinlichkeiten bekannt sind, so muß sich diese Frage im Rahmen der Wahrscheinlichkeitstheorie beantworten lassen. Anders bei den Elementarereignissen, von denen lediglich bekannt ist, daß sie im Ergebnis eines Versuchs eintreten können oder nicht, die aber nicht mehr durch logische Kombination einfacherer Ereignisse erhalten werden können.

Die Wahrscheinlichkeit der Elementarereignisse ist im Rahmen der eigentlichen Wahrscheinlichkeitstheorie nicht bestimmbar, sondern muß im Ergebnis eines Abstraktionsprozesses festgelegt werden. Nehmen wir der Einfachheit halber an, daß im Ergebnis des Versuchs n unvereinbare Elementarereignisse $A_1, \ldots, A_n$ auftreten können, die eine vollständige Gruppe bilden:

$$A_1 + \cdots + A_n = E, \; A_i \cdot A_j = \theta \quad \text{bei} \quad i \neq j. \qquad (1.8)$$

Im Ergebnis einer Serie unabhängiger Versuche (unabhängig bedeutet, daß das Ergebnis des $(K - 1)$-ten Versuchs nicht auf den Ausgang des K-ten einwirken kann) erhält man unter gleichen Versuchsbedingungen bestimmte Häufigkeiten $\frac{M_i}{N}, \ldots, \frac{M_n}{N}$ der einzelnen Ereignisse (M_i — Anzahl der Versuche, bei denen das Ergebnis A_i auftrat, N — Gesamtzahl der Versuche). Für wachsendes N stabilisieren sich die Häufigkeiten um bestimmte Werte, deren exakter Zahlenwert aber unbekannt bleibt. Diese in ungezählten Versuchen verschiedenster Art nachgewiesene Tatsache der Stabilisierung von Häufigkeiten um bestimmte Werte gibt Veranlassung, sie als Ausdruck einer Gesetzmäßigkeit anzusehen. Der Wert, um den sich die Häufigkeit $\frac{M_i}{N}$ stabilisiert, wird als Wahrscheinlichkeit des Ereignisses A_i — $P(A_i)$ — bezeichnet. Der Zahlenwert von $P(A_i)$ kann ungefähr gleich der Häufigkeit aus einer sehr langen Versuchsserie gesetzt werden, wobei beachtet werden muß, daß für unvereinbare Ereignisse der Quotient $\frac{M_i + M_j}{N}$ die Häufigkeit des Ereignisses $A_i + A_j$ darstellt und damit sinnvollerweise

$$P(A_i + A_j) = P(A_i) + P(A_j) \qquad (1.9)$$

gesetzt werden muß. Hieraus folgt in Übereinstimmung mit $P(E) = 1$ und $\sum_{i=1}^{n} \frac{M_i}{N} = 1$ sofort

$$\sum_{i=1}^{n} P(A_i) = P(E) = 1. \qquad (1.10)$$

Auf den ersten Blick scheint sich in die Festlegung des Wertes von $P(A_i)$ nach der Häufigkeit $\frac{M_i}{N}$ ein gerüttelt Maß an Willkür eingeschlichen zu haben. Tatsächlich, mit der Anerkennung der Gesetzmäßigkeit, daß sich Häufigkeiten um Wahrscheinlichkeiten stabilisieren, wird noch keine Vorschrift für eine beliebig genaue Messung der Wahrscheinlichkeit geliefert, da unklar bleibt, wieviel Versuche dann durchgeführt werden müssen, um von den Häufigkeiten auf die Wahrscheinlichkeiten zu schließen. Diese Vorschrift liefert erst die Wahrscheinlichkeitstheorie selbst. Schon BERNOULLI, DE MOIVRE und LAPLACE zeigten, daß die Wahrscheinlichkeit der Abweichung

$$\left|\frac{M_i}{N} - P(A_i)\right| > \varepsilon$$

für beliebiges $\varepsilon > 0$ wie $\frac{1}{N}$ gegen Null strebt. Für eine vorgegebene Genauigkeit ε und eine geforderte Wahrscheinlichkeit $P\left(\left|\frac{M_i}{N} - P(A_i)\right| < \varepsilon\right)$ läßt sich damit das N abschätzen, bei dem diese Wahrscheinlichkeit erreicht wird. Das heißt, mit einer vorgegebenen Wahrscheinlichkeit, sagen wir z. B. 0,99, kann $P(A_i)$ auf ein vorgegebenes ε genau bestimmt werden.

Diese Messungen sind sehr aufwendig. Will man beim Münzversuch z. B. die Wahrscheinlichkeit von Wappen oder Zahl experimentell mit 99%iger Sicherheit bis auf die zweite Kommastelle genau bestimmen, so sind 250000 Versuche notwendig. Intuitiv ist aber klar, daß bei idealer Symmetrie der Versuchsbedingungen die Wahrscheinlichkeit von Wappen (Zahl) gleich 0,5 ist. Die Messungen sind hier offensichtlich nur dann notwendig, wenn Veranlassung besteht, an bestimmten Symmetrieeigenschaften zu zweifeln. Wohl kaum ein Wissenschaftsgebiet wäre auch mit der Zumutung einverstanden, all ihre Ausgangswerte durch so umfangreiche Messungen absichern zu müssen. Die gesamte Wahrscheinlichkeitstheorie dient in letzter Konsequenz auch bloß dem Ziel, diese umfangreichen Messungen zu vermeiden, indem sie Modelle benutzt, für die die Wahrscheinlichkeiten bestimmter Primärereignisse bzw. Einflußfaktoren auf Grund physikalischer Überlegungen festgelegt werden können, und auf Grund dieser Modellvorstellungen die Wahrscheinlichkeiten der kausal von den Primärereignissen abhängigen Ereignisse berechnet. Das bedeutet allerdings nicht, daß auf derartig lange Meßreihen voll verzichtet werden kann. Die Meßreihen sind sehr oft notwendig, um erst einmal Aussagen zu gewinnen, die für die Bildung der Modelle benötigt werden.

Die klassische Wahrscheinlichkeitstheorie geht z. B. von dem Modell einer vollständigen Gruppe unvereinbarer *gleichwahrscheinlicher* Elementarereignisse $S_1, \ldots, S_n$ aus. Durch logische Addition wird diese Gruppe erweitert, z. B.

$$A_i = S_{K_i} + S_{K_i+1} + \cdots + S_{k_i+r_i}$$

(Die Multiplikation unvereinbarer Ereignisse gibt das unmögliche Ereignis θ). Durch logische Addition und Multiplikation bildet man weitere Zufallsereignisse, z. B.

$$B_K = A_i \cdot A_j .$$

Da die A_i und A_j logische Summen der S_j sind, läßt sich $B_K = A_i \cdot A_j$ wieder als logische Summe der Elementarereignisse darstellen, die sowohl in A_i als auch in A_j enthalten sind. Führt man alle Additionen und Multiplikationen der Elementarereignisse und der abgeleiteten Ereignisse paarweise, zu dritt usw. durch, so erhält man eine Menge von Ereignissen, die als Wahrscheinlichkeitsfeld bezeichnet wird. Die Wahrscheinlichkeit jedes der komplizierten Ereignisse $A, B, \ldots$ läßt sich dann einfach durch Betrachtung der Wahrscheinlichkeiten der Elementarereignisse berechnen, nach denen sich die $A, B, \ldots$ logisch zerlegen lassen. Ist z. B.

$$A = S_{i_1} + S_{i_2} + \cdots + S_{i_K},$$

d. h., das Eintreten eines der K gleichwahrscheinlichen, unvereinbaren Elementarereignisse zieht A nach sich, so ist

$$P(A) = \frac{K}{n}, \tag{1.11}$$

da infolge der Gleichwahrscheinlichkeit, Unvereinbarkeit und Vollständigkeit

$$\sum_{i=1}^{n} P(S_i) = n \cdot P(S_i) = P(E) = 1,$$

d. h.

$$P(S_i) = \frac{1}{n} \tag{1.12}$$

und

$$P(A) = P\left(\sum_{j=1}^{k} S_{i_j}\right) = K \cdot P(S_i) = \frac{K}{n}. \tag{1.13}$$

Schematisch läßt sich die Berechnung von $P(A)$ wie in Abb. 1 darstellen, indem man jedem Elementarereignis

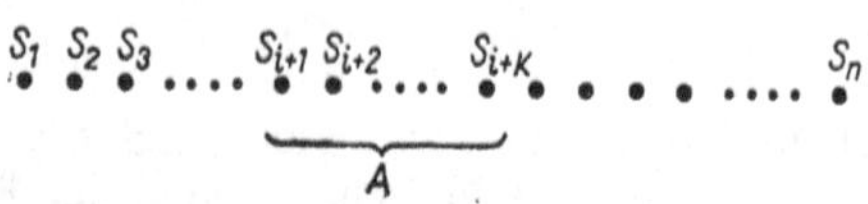

Abb. 1. Zur Berechnung der Wahrscheinlichkeit
$P(A) = P(S_{i+1} + S_{i+2} + \cdots + S_{i+k}) = \frac{k}{n}$

einen Punkt zuordnet und den Quotienten aus der Anzahl der dem Ereignis A günstigen Elementarereignisse und ihrer Gesamtzahl bildet. (Ein Elementarereignis S_i ist A günstig, wenn A als Summe von Elementarereignissen dieses Elementarereignis enthält: $A = S_i + S_j + \cdots$.)

Für zwei beliebige Ereignisse gilt dann

$$P(A_1 + A_2) = \frac{k_1 + k_2 - l}{n} = P(A_1) + P(A_2) - P(A_1 \cdot A_2) \tag{1.14}$$

(s. Abb. 2), wobei k_1 und k_2 die Zahl der Elementarereignisse ist, die A_1 bzw. A_2 günstig sind, und l die Anzahl der S_i, die sowohl A_1 als auch A_2 nach sich ziehen.

Beim Würfelspiel entspreche z. B. A_1 dem Auftreten der 1 oder der 2, A_2 dem Auftreten einer geraden Zahl ($A_1 = S_1 + S_2$, $A_2 = S_2 + S_4 + S_6$ mit S_i — Auftreten von i Augen), dann ist $A_1 + A_2$ das Ereignis, das im Auftreten der 1 oder einer geraden Zahl besteht und

$$P(A_1 + A_2) = P(A_1) + P(A_2) - P(A_1 \cdot A_2)$$
$$= \frac{2}{6} + \frac{3}{6} - \frac{1}{6} = \frac{2}{3},$$

da $A_1 \cdot A_2$ mit dem Elementarereignis S_2 identisch ist.

Im weiteren wird uns die sogenannte bedingte Wahrscheinlichkeit besonders interessieren, die als Wahrscheinlichkeit eines Ereignisses A_i unter der Voraussetzung, daß ein anderes Ereignis A_i eintritt, definiert und mit $P(A_i/A_j)$ bezeichnet wird.

Wenn bekannt ist, daß A_j eingetreten ist oder eintritt (diesem Ereignis seien k_j Elementarereignisse günstig), dann ist die Wahrscheinlichkeit, daß dabei A_i ebenfalls eintritt gleich l/k_j (s. Abb. 2) (l ist die Anzahl der Ereignisse, die $A_i \cdot A_j$ günstig sind).

Mit der Erweiterung im Zähler und Nenner um $\frac{1}{n}$ ergibt sich die Beziehung

$$P(A_i/A_j) = \frac{l}{k_j} = \frac{l/n}{k_j/n} = \frac{P(A_i \cdot A_j)}{P(A_j)}, \tag{1.15}$$

d. h., die Wahrscheinlichkeit von A_i unter der Voraussetzung, daß A_j eintritt, ist dem Quotienten aus der sogenannten Verbundwahrscheinlichkeit der Ereignisse A_i und A_j – $P(A_i \cdot A_j)$ – und der Wahrscheinlichkeit des Ereignisses A_j gleich.

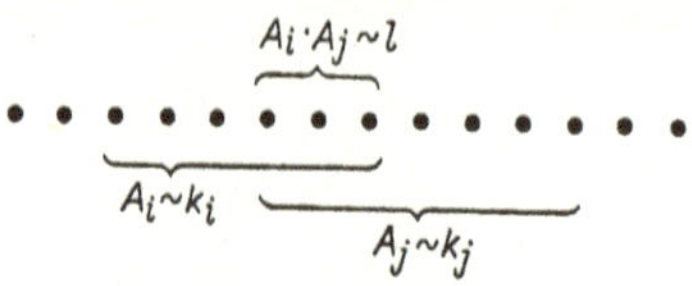

Abb. 2. Erläuterung der bedingten Wahrscheinlichkeit

Ganz analog gilt

$$P(A_j/A_i) = \frac{P(A_i \cdot A_j)}{P(A_i)}$$

bzw. mit (1.14)

$$P(A_j/A_i) = \frac{P(A_i/A_j) \cdot P(A_j)}{P(A_i)}. \qquad (1.16)$$

Die gleichen Beziehungen (1.14)—(1.16) lassen sich auch für ein anderes Modell ableiten, in dem im Unterschied zur klassischen Wahrscheinlichkeitstheorie unendlich viele Ereignisse möglich sind. Betrachtet wird ein Gebiet S auf der Ebene, in das völlig willkürlich ein mathematischer Punkt hineingeworfen wird. Der Begriff „völlig willkürlich" bedeutet hier wieder Gleichwahrscheinlichkeit des Auftreffens dieses Punktes in Gebiete z. B. gleichen Flächeninhaltes.

Die Wahrscheinlichkeit des Auftreffens in ein Gebiet der Fläche G_i wird damit proportional G_i gesetzt. Da das Auftreffen in das Gesamtgebiet S der Fläche G als sicher angenommen wird, ist der Proportionalitätsfaktor $\frac{1}{G}$

$$P(A) = \frac{G_A}{G}. \qquad (1.17)$$

Die Wahrscheinlichkeit des Auftreffens in A oder B (s. Abb. 3) ist damit proportional $G_A + G_B - G_{AB}$, d. h.

$$P(A+B) = \frac{G_A}{G} + \frac{G_B}{G} - \frac{G_{AB}}{G} = P(A) + P(B) - P(A \cdot B). \tag{1.18}$$

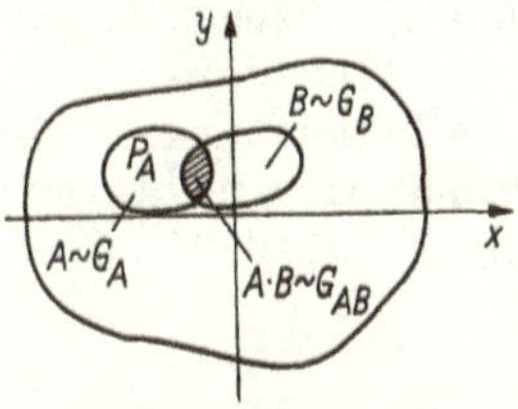

Abb. 3. Veranschaulichung des Additionssatzes für geometrische Wahrscheinlichkeiten

Weiterhin ist die bedingte Wahrscheinlichkeit $P(A/B)$, also die Wahrscheinlichkeit von A, unter der Voraussetzung, daß der Punkt in das Gebiet G_B auftrifft, gleich $P(A/B) = \frac{G_{AB}}{G_B}$ bzw.

$$P(A/B) = \frac{G_{AB}}{G_B} = \frac{P(A \cdot B)}{P(B)}. \tag{1.19}$$

Die geometrische Wahrscheinlichkeit gibt uns eine gute Veranschaulichung eines möglichen Ereignisses, dessen Wahrscheinlichkeit Null ist. Läßt man z. B. die Fläche G_A gegen Null streben, so besteht im Grenzfall das Ereignis A darin, daß der mathematische Punkt beim Werfen genau in den Punkt P_A trifft, gegen den die Fläche G_A für $G_A \to 0$ kontraktiert. Dieses Ereignis ist möglich, obwohl seine Wahrscheinlichkeit Null ist.

Wird das Gebiet G durch irgendeine nichtlineare Transformation, z. B. $x_1 = x^2$; $y_1 = y^2$, auf ein anderes Gebiet G' abgebildet, so ist die Wahrscheinlichkeit des

Auftreffens des Punktes in ein Untergebiet von G' nicht mehr direkt proportional der Fläche des Untergebietes, sondern hängt ebenfalls von seiner Lage und Konfiguration ab.

Mit Hilfe derartiger nichtlinearer Transformationen können geometrische Wahrscheinlichkeiten so konstruiert werden, daß das Auftreffen des mathematischen Punktes in ein infinitesimales Flächenelement bei x_1, y_1 auf komplizierte Art und Weise von x_1 und y_1 abhängt. Man sieht leicht, daß die Beziehungen (1.18) und (1.19) durch derartige Transformationen nicht verändert werden, es ändern sich lediglich die Maße G_A, G_B und G_{AB}.

1.3. Axiomatik der Wahrscheinlichkeitsrechnung

Die anhand des klassischen und geometrischen Modells abgeleiteten Begriffe sind die Grundlage für den axiomatischen Aufbau der Wahrscheinlichkeitstheorie, den wir hier nur streifen wollen, um die Spezifik des klassischen und geometrischen Modells etwas in den Hintergrund treten zu lassen (s. [14]).

Man geht aus von der Menge E der Elementarereignisse (E braucht keine endliche Menge zu sein), deren Elemente entsprechend den jeweiligen physikalischen Gegebenheiten festlegbar sind. Aus den Elementen der Menge E (den Elementarereignissen), sowie aus allen Untermengen von E wird ein neues System Z folgendermaßen konstruiert:

— Z enthält als Element die gesamte Menge E.

— Wenn A und B Untermengen von E sind und zu Z gehören, dann soll Z ebenfalls die Mengen $A + B$, $A \cdot B$ sowie $\bar{A}$ und $\bar{B}$ enthalten ($A + B$ ist die Menge der Elemente von E, die zu A oder B oder zu A und B gehören, $A \cdot B$ — die Menge der Elemente von E, die zu A und B gehören). Da Z die gesamte Menge E enthält, enthält es auch die Menge $\theta = \bar{E}$.

— Wenn die Untermengen $A_1, A_2, \ldots, A_n, \ldots$ der Menge E Elemente von Z sind, so sollen Summe $A_1 + A_2 + \cdots$ und Produkt $A_1 \cdot A_2 \cdot \cdots \cdot A_n \cdot \cdots$ ebenfalls Elemente von Z sein (diese Forderung erweitert die zweite Forderung in sinnvoller Weise auf Mengen E unendlich vieler Elementarereignisse).

Die Menge Z wird als BORELsches Ereignisfeld, BORELscher Mengenkörper und besonders in der neueren Literatur als auf E bestimmte σ-Algebra bezeichnet. Ihre Elemente sind Zufallsereignisse, die durch alle möglichen logischen Operationen über den Elementarereignissen, Paaren von ihnen, Tripeln, Quadripeln usw. gebildet werden.

Für den axiomatischen Aufbau der Wahrscheinlichkeitstheorie sind lediglich 4 Axiome notwendig:

1. Jedem Zufallsereignis A aus Z entspricht eine nichtnegative Zahl $P(A)$ — die Wahrscheinlichkeit des Zufallsereignisses A.

2. $P(E) = 1$. (1.20)

3. Wenn $A_1, A_2, \ldots, A_n$ paarweise unvereinbare Ereignisse sind, so gilt

$$P(A_1 + A_2 + \cdots + A_n) = P(A_1) + P(A_2) + \cdots + P(A_n). \quad (1.21)$$

4. Wenn das Ereignis A mit dem Eintreten wenigstens eines der paarweise unvereinbaren Ereignisse A_1, $A_2, \ldots, A_n, \ldots, A_{n+m}, \ldots$ identisch ist, so gilt

$$P(A) = P(A_1) + P(A_2) + \cdots + P(A_n) + \cdots + P(A_{n+m}) + \cdots. \quad (1.22)$$

Mit dem letzten Axiom wird das Additionsaxiom für endliche Wahrscheinlichkeitsfelder auf den Fall unendlicher Mengen erweitert, die natürlich nur als idealisierte Modelle auftreten können, da bei der Beschreibung beobachteter zufälliger Erscheinungen immer nur endliche Wahrscheinlichkeitsfelder gebildet werden können.

Ein viel zitiertes Beispiel soll den Aufbau des Ereignisfeldes Z veranschaulichen:

Die Elementarereignisse beim Würfelspiel sind S_1, S_2, S_3, S_4, S_5, S_6 — das Auftreten von 1, 2, ..., 6 Augen. Da die S_i unvereinbar sind, erhalten wir alle Elemente von Z durch logische Addition:

$$(S_1), (S_2), \ldots, (S_6)$$
$$-\quad 6 \text{ Elemente} = \binom{6}{1},$$

$$(S_1 + S_2), (S_1 + S_3), \ldots, (S_5 + S_6)$$
$$-\quad 15 \text{ Elemente} = \binom{6}{2},$$

$$(S_1 + S_2 + S_3), (S_1 + S_2 + S_4), \ldots, (S_4 + S_5 + S_6)$$
$$-\quad 20 \text{ Elemente} = \binom{6}{3},$$

$$(S_1 + S_2 + S_3 + S_4), \ldots, (S_3 + S_4 + S_5 + S_6)$$
$$-\quad 15 \text{ Elemente} = \binom{6}{4},$$

$$(S_1 + S_2 + S_3 + S_4 + S_5), \ldots, (S_2 + S_3 + S_4 + S_5 + S_6)$$
$$-\quad 6 \text{ Elemente} = \binom{6}{5},$$

$$S_1 + S_2 + S_3 + S_4 + S_5 + S_6 = E$$
$$-\quad 1 \text{ Element} = \binom{6}{6}.$$

Dazu kommt noch das unmögliche Ereignis, so daß insgesamt $2^6 = 64$ Elemente das Wahrscheinlichkeitsfeld Z bilden. Wir sehen, daß wir z. B. alle 3-elementigen

Kombinationen $S_i + S_j + S_k$ durch Multiplikation verschiedener 4-elementiger erhalten können $\big($z. B. $S_1 + S_2 + S_3 = (S_1 + S_2 + S_3 + S_4)\,(S_1 + S_2 + S_3 + S_5)\big)$.

Wenden wir uns jetzt den sich aus den 4 Axiomen ergebenden Folgerungen zu:

Aus Axiom 1, 2 und 3 folgt mit $E = \theta + E$ und $P(E) = P(\theta) + P(E)$

$$P(\theta) = 0, \tag{1.23}$$

analog aus $A + \bar{A} = E$

$$P(\bar{A}) = 1 - P(A), \tag{1.24}$$

d. h.

$$0 \leqq P(A) \leqq 1. \tag{1.25}$$

Weiter sieht man, daß $A + B = A + B \cdot \big(\overline{AB}\big)$ und $B = AB + B \cdot \big(\overline{AB}\big)$, wobei A und $B \cdot \big(\overline{AB}\big)$ sowie AB und $B \cdot \big(\overline{AB}\big)$ unvereinbar sind. Demzufolge wird

$$P(A + B) = P(A) + P\big(B \cdot \big(\overline{AB}\big)\big),$$

$$P(B) = P(AB) + P\big(B \cdot \big(\overline{AB}\big)\big)$$

und durch Eliminierung von $P\big(B \cdot \big(\overline{AB}\big)\big)$

$$P(A + B) = P(A) + P(B) - P(A \cdot B) \leqq P(A) + P(B). \tag{1.26}$$

Man überzeugt sich leicht, daß die durch (1.15) bzw. (1.19) definierte bedingte Wahrscheinlichkeit

$$P(B/A) = \frac{P(A \cdot B)}{P(A)}$$

unter der Voraussetzung $P(A) > 0$ ebenfalls den Axiomen 1 bis 4 genügt, d. h.

$$P(E/A) = 1, \quad P(B + C/A) = P(B/A) + P(C/A) \tag{1.27}$$

für unvereinbare Ereignisse B und C.

Offensichtlich gilt immer

$$P(A/A) = 1,$$

da ja A ein sicheres Ereignis ist, wenn bekannt ist, daß A eintritt.

Die axiomatisch aufgebaute Wahrscheinlichkeitstheorie hat den Vorteil, daß sie an kein Modell mehr gebunden ist und demzufolge für alle Modelle anwendbar ist, für die wir die 4 Grundaxiome (im Prinzip sind davon die ersten beiden Definitionsangelegenheiten) als erfüllt ansehen. Das kann aber für alle sinnvollen physikalischen Modelle vorausgesetzt werden, denn Axiom 3 ergibt sich direkt aus der Anerkennung der Existenz objektiver Beschreibungsgrößen — der Wahrscheinlichkeiten —, die mit den Häufigkeiten in langen Serien unabhängiger Versuche eng verwandt sein müssen. Lediglich Axiom 4 ist nicht unmittelbar nachprüfbar, sondern eine Verallgemeinerung, deren physikalische Gültigkeit durch die überprüfbaren Ergebnisse der Anwendung wahrscheinlichkeitstheoretischer Methoden auf die physikalische Realität bis jetzt nirgendwo widerlegt wurde.

1.4. Zufallsgrößen

Eine große Klasse von Zufallsereignissen ist mit meßbaren Größen verbunden. Beim Münzwurf sind die Versuchsergebnisse Ereignisse, die sich durch verschiedene Merkmale unterscheiden. Im Unterschied dazu sind Zufallsgrößen zufällige Ereignisse, bei denen im Ergebnis des Versuchs ein meßbares Merkmal verschiedene Werte annehmen kann. Derartige Zufallsgrößen sind beispielsweise monatliche Niederschlagsmengen an einem bestimmten Ort, Wasserstand eines Flußlaufes, Spannung an einem Widerstand usw. Bekannt ist in allen Fällen, daß irgendein Wert der Zufallsgröße eintritt; unbekannt ist vor dem Versuch — welcher.

Wenn die Zufallsgröße X nur diskrete Werte $x_1, x_2, \ldots, x_n, \ldots$ annehmen kann, so wird sie als diskrete Zufallsgröße bezeichnet, kann sie jedoch im Ergebnis des Versuchs alle Werte einer Kontinuumsmenge annehmen, so spricht man von einer kontinuierlichen Zufallsgröße (die Elementarereignisse sind entsprechend durch das Eintreten der möglichen Werte der Zufallsgröße gegeben). Die Wahrscheinlichkeit, mit der die Zufallsgröße X[1]) den einen oder anderen Wert annimmt, läßt sich aus der Wahrscheinlichkeit $P(X < x)$ des Ereignisses, daß X kleiner als ein vorgegebenes x ist, ableiten, wenn diese Wahrscheinlichkeit für alle x gegeben ist. Die Abhängigkeit der Wahrscheinlichkeit $P(X < x)$ als Funktion von x

$$P(X < x) = F(x) \qquad (1.28)$$

beschreibt eine nichtfallende Funktion. Tatsächlich ist das Ereignis $X < x_1$ mit dem Ereignis $x_1 \leqq X < x_2$ unvereinbar, d. h., das Ereignis $X < x_2$ stellt die Summe zweier unvereinbarer Ereignisse dar:

$$P(X < x_2) = P(X < x_1) + P(x_1 \leqq X < x_2) \qquad (x_1 < x_2) \qquad (1.29)$$

bzw.

$$P(x_1 \leqq X < x_2) = F(x_2) - F(x_1). \qquad (1.30)$$

Da jedoch $P(x_1 \leqq X < x_2) \geqq 0$, gilt

$$F(x_2) \geqq F(x_1) \quad \text{für} \quad x_2 > x_1. \qquad (1.31)$$

$F(x)$ ist die sogenannte Verteilungsfunktion und genügt der Ungleichung

$$0 \leqq F(x) \leqq 1. \qquad (1.32)$$

[1]) Die Zufallsgröße wird mit dem Großbuchstaben X bezeichnet, der Wert, den sie im Ergebnis eines Versuches annehmen kann, mit x.

Offenbar gilt außerdem

$$F(+\infty) = P(X < +\infty) = 1 \tag{1.33}$$

und

$$F(-\infty) = P(X < -\infty) = 0. \tag{1.34}$$

Man kann zeigen [9], daß die Verteilungsfunktion linksseitig stetig ist ($F(x) - F(x - 0) = 0$), und weiterhin gilt

$$P(X \leqq x) = F(x + 0). \tag{1.35}$$

Die Verteilungsfunktion $F(x)$ hat bei x_i einen Sprung, wenn

$$F(x_i + 0) - F(x_i - 0) = p_i > 0. \tag{1.36}$$

Die Anzahl der Sprünge bildet eine abzählbare Menge, z. B. sind infolge (1.32) nur ein Sprung mit einer Höhe größer 0,5 und höchstens 3 Sprünge mit einer Höhe $0{,}25 < p_i \leqq 0{,}5$ möglich. Sprünge mit der Höhe $\frac{1}{2^n} < p_i \leqq \frac{1}{2^{n-1}}$ können nicht mehr als $2^n - 1$ auftreten, d. h., wenn wir die Sprünge ihrer Höhe nach ordnen, z. B. in Sprünge größer als 0,5; größer als 0,25 aber kleiner oder gleich 0,5 usw., so können wir alle Sprünge durchnumerieren.

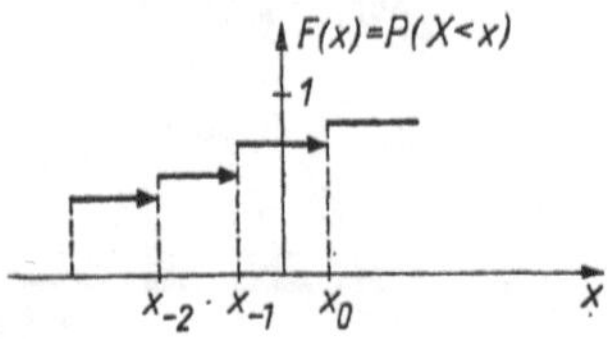

Abb. 4. Verteilungsfunktion einer diskreten Zufallsgröße

Rein diskrete Zufallsgrößen können nur die Werte $\ldots, x_{-2}, x_{-1}, x_0, x_1, x_2, \ldots$ annehmen (s. Abb. 4), d. h., die Wahrscheinlichkeit $P(X < x)$ ändert sich nur in den Punkten x_i. $F(x)$ ist hier eine Stufenfunktion, die sich unter Heranziehung der Deltafunktion darstellen läßt als

$$F(x) = \int_{-\infty}^{x} p(x)\mathrm{d}x = \int_{-\infty}^{x} \sum_{i=-\infty}^{\infty} p_i \delta(x - x_i)\mathrm{d}x, \quad (1.37)$$

wobei p_i die Höhe des Sprunges bei x_i darstellt.

Die Wahrscheinlichkeit, daß X den Wert x_i annimmt, ist offensichtlich mit (1.30) gleich

$$P(X = x_i) = P(x_{i-1} + \Delta x \leqq X < x_{i+1} - \Delta x)$$

$$= \int_{x_{i-1}+\Delta x}^{x_{i+1}-\Delta x} \sum_{j=-\infty}^{\infty} p_j \delta(x - x_j)\mathrm{d}x = p_i, \quad (1.38)$$

wobei Δx kleiner als $|x_{i-1} - x_i|$ und $|x_{i+1} - x_i|$ gewählt wurde. p_i ist also die Wahrscheinlichkeit dafür, daß die diskrete Zufallsgröße den Wert x_i annimmt.

Für stetige Zufallsgrößen kann sich $F(x)$ in allen Punkten ändern. Definiert man eine Funktion $p(x)$ so, daß

$$F(x) = \int_{-\infty}^{x} p(x)\mathrm{d}x, \quad (1.39)$$

dann gilt, wenn $p(x)$ im Punkt x stetig ist,

$$p(x) = \frac{\mathrm{d}F(x)}{\mathrm{d}x}. \quad (1.40)$$

In den Unstetigkeitspunkten von $F(x)$ muß noch eine Komponente in Form der Deltafunktion hinzuaddiert werden, wenn nach Eliminierung der Sprünge in $F(x)$ die Dichtefunktion $p(x)$ überall stetig ist. Die Funktion $p(x)$ wird als Wahrscheinlichkeitsdichte (oder Dichtefunktion) bezeichnet und stellt ein sehr bequemes Hilfsmittel zur Berechnung der Wahrscheinlichkeit komplizierter Ereignisse dar. Beispielsweise wird infolge von (1.30)

$$P(x_1 \leqq X < x_2) = \int_{x_1}^{x_2} p(x) \mathrm{d}x . \tag{1.41}$$

Man sieht, daß für beliebige Zufallsgrößen

$$p(x) \geqq 0, \tag{1.42}$$

$$\int_{-\infty}^{\infty} p(x) \mathrm{d}x = 1 . \tag{1.43}$$

Die Wahrscheinlichkeitsdichte $p(x)$ läßt sich anschaulich als Quotient aus der Wahrscheinlichkeit des Ereignisses $P(x \leqq X < x + \mathrm{d}x)$ (Aufenthaltswahrscheinlichkeit) und der Länge des Intervalls $\mathrm{d}x$ deuten. Tatsächlich folgt aus (1.41) mit einer Genauigkeit bis zu Gliedern höherer Ordnung

$$P(x \leqq X < x + \mathrm{d}x) = p(x) \mathrm{d}x . \tag{1.44}$$

2. Klassifizierung und Beschreibung von Zufallsfunktionen

Die Untersuchung von Systemen, die dem Einfluß stochastischer Prozesse unterworfen sind (kurz — stochastische Systeme), erfordert eine dem Zufallscharakter dieser Prozesse adäquate Beschreibung der Zustandsgrößen des Systems.

Nach Kapitel 1 ist eine Zufallsgröße eine Größe, deren Realisierung bei unveränderten Versuchsbedingungen von Experiment zu Experiment verschiedene Werte annimmt. Jeder Zufallsprozeß kann als Zufallsgröße aufgefaßt werden, die von einem variablen Parameter — der Zeit — abhängt. Typische Zufallsprozesse sind beispielsweise das thermische Rauschen, die reale Bahn eines Flugkörpers, übermittelte Informationen usw.

Die Theorie der Zufallsprozesse stellt sich die Aufgabe, die grundlegenden Gesetzmäßigkeiten eines Zufallsprozesses zu beschreiben und vorauszusagen. Als Denkmodell wird dabei gewöhnlich ein unendliches Ensemble physikalischer Systeme benutzt, die identisch im Sinne der wesentlichen (erfaßten) Versuchsbedingungen sind. Dieses Modell entspricht der Vorstellung, daß die statistischen Eigenschaften erst im Verlauf einer Vielzahl unabhängiger, sich wiederholender Versuche genügend klar zum Ausdruck kommen. Da Zufallsprozesse jedoch zumindest prinzipiell unendlich lange dauern können, muß das Modell der unabhängig wiederholten Versuche durch das Modell unendlich vieler gleichartiger Systeme ersetzt werden, an denen die konkreten Verläufe der Zufallsfunktionen gleichzeitig beobachtet werden können. Der konkret ablaufende Zufallsprozeß in einem einzelnen System wird als Realisierung bezeichnet. Die Gesamtheit der Realisierungen gibt dann Auskunft über den Zufallscharakter des Prozesses.

2.1. Klassifizierung von Zufallsprozessen

In Abhängigkeit davon, ob die möglichen Werte des Zeitparameters t und die Realisierungen des Zufallsprozesses $x(t)$ (bei fixiertem t) diskrete oder kontinuierliche Werte annehmen, werden die Zufallsprozesse in Klassen eingeteilt [16]:

- der allgemeine Zufallsprozeß, bei dem t und $x(t)$ beliebige Werte innerhalb bestimmter Intervalle, die auch unendlich sein können, annehmen (Abb. 5a)
- der diskrete Zufallsprozeß: t nimmt kontinuierliche Werte an, während $x(t)$ nur diskrete Werte annehmen kann (Abb. 5b)
- die allgemeine Zufallsfolge: t nimmt hier nur diskrete Werte an, während $x(t)$ kontinuierlich ist (Abb. 5c)
- die diskrete Zufallsfolge: t und $x(t)$ nehmen beide nur diskrete Werte an (Abb. 5d).

Die Zufallsfolgen werden auch als Prozesse mit diskreter Zeit bezeichnet, während die ersten beiden Prozesse stochastische Prozesse mit stetiger Zeit sind.

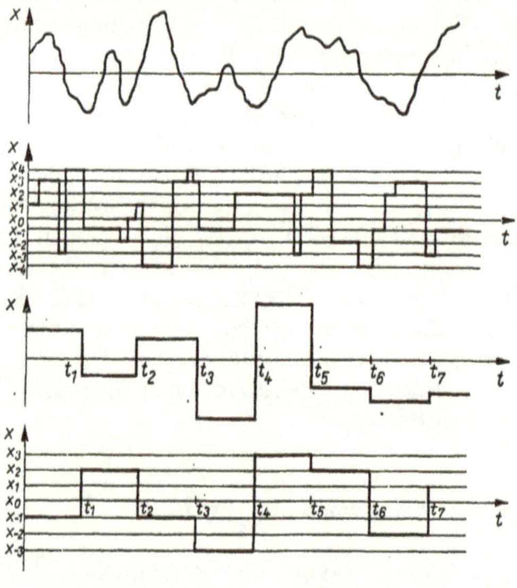

Abb. 5. Realisierung eines allgemeinen Zufallsprozesses (*a*), eines diskreten Zufallsprozesses (*b*), einer allgemeinen Zufallsfolge (*c*) und einer diskreten Zufallsfolge (*d*)

Ein Sonderfall liegt vor, wenn wir eine Zeitfunktion $X(t; \lambda_1, \lambda_2, \ldots, \lambda_n)$ betrachten, die von einer oder mehreren Zufallsgrößen $\lambda_1, \lambda_2, \ldots, \lambda_n$ abhängt. Diese Funktion wird als quasideterminierte Zufallsfunktion bezeichnet, da sie bei fixierten $\lambda_1, \ldots, \lambda_n$ in eine determinierte Funktion übergeht. Im weiteren werden in erster Linie allgemeine Zufallsprozesse behandelt. Eine Vielzahl von Aussagen und Ergebnissen lassen sich direkt auf die anderen Klassen von Zufallsprozessen übertragen.

2.2. Die n-dimensionale Wahrscheinlichkeitsdichte

Ein Zufallsprozeß $X(t)$ $(t_0 \leqq t \leqq t_0 + T)$ stellt eine Zeitfunktion dar, deren Realisierungen $x(t)$ sich von Versuch zu Versuch zufällig ändern. Im Unterschied zur Zufallsfunktion $X(t)$ werden die Realisierungen der Zufallsfunktion, die während der einzelnen, unter gleichen Bedingungen wiederholten Versuche oder an einer Vielzahl gleicher Systeme beobachtet werden, mit $x(t)$ bezeichnet. Fixiert man eine Folge von Zeitmomenten,

$$t_0 \leqq t_1 < t_2 < \cdots < t_i < \cdots < t_n \leqq t_0 + T, \quad (2.1)$$

so stellen die Abtastwerte $X(t_i)$ Zufallsgrößen dar, deren statistische Eigenschaften durch ihre Wahrscheinlichkeitsdichtefunktionen $p_1(x_i; t_i)$ beschrieben werden:

$$p_1(x_i; t_i)\mathrm{d}x_i = P[t_i; x_i \leqq X(t_i) < x_i + \mathrm{d}x_i]. \quad (2.2)$$

Die rechte Seite von (2.2) ist die Wahrscheinlichkeit dafür, daß im Moment t_i die Zufallsgröße $X(t_i)$ im Intervall $[x_i, x_i + \mathrm{d}x_i)$ liegt.

Die Angabe der Wahrscheinlichkeitsdichten $p_1(x_i; t_i)$ für alle t_i gibt nur eine ganz grobe Vorstellung über den Charakter des Zeitverlaufes von $X(t)$. Eine genauere Kenntnis vermittelt schon die Verbundwahrscheinlichkeit zweier Zufallsgrößen $X(t_i)$ und $X(t_j)$ bzw. ihre Wahrscheinlichkeitsdichtefunktion $p_2(x_i, x_j; t_i, t_j)$:

$$p_2(x_i, x_j; t_i, t_j)\,\mathrm{d}x_i\,\mathrm{d}x_j = P[t_i, t_j; x_i \leqq X(t_i) < x_i + \mathrm{d}x_i, x_j \leqq X(t_j) < x_j + \mathrm{d}x_j]. \quad (2.3)$$

Hier stellt die rechte Seite die Wahrscheinlichkeit dafür dar, daß sich im Moment t_i die Zufallsgröße $X(t_i)$ im Intervall $[x_i, x_i + \mathrm{d}x_i)$ und im Moment t_j die Größe $X(t_j)$ im Intervall $[x_j, x_j + \mathrm{d}x_j)$ befinden. Neben der Information, die durch $p_2(x_i; t_i)$ vermittelt wird, enthält $p_2(x_i, x_j; t_i, t_j)$ Aussagen über die statistische Verkopplung der Abtastwerte $X(t_i)$ und $X(t_j)$ und damit über die

Schnelligkeit der Änderung von $X(t)$. Analog kann die n-dimensionale Wahrscheinlichkeitsdichtefunktion $p_n(x_1, \ldots, x_n; t_1, \ldots, t_n)$ definiert werden,

$$p_n(x_1, \ldots, x_n; t_1, \ldots, t_n)\mathrm{d}x_1 \ldots \mathrm{d}x_n = P[t_1, \ldots, t_n; x_1 \leqq X(t_1) < x_1 + \mathrm{d}x_1, \ldots, x_n \leqq X(t_n) < x_n + \mathrm{d}x_n], \quad (2.4)$$

die die Wahrscheinlichkeit für das gleichzeitige Auftreten von $X(t_1)$ im Intervall $[x_1, x_1 + \mathrm{d}x_1)$, von $X(t_2)$ im Intervall $[x_2, x_2 + \mathrm{d}x_2)$ usw. bis $X(t_n)$ im Intervall $[x_n, x_n + \mathrm{d}x_n)$ geteilt durch die Länge aller Intervalle $\mathrm{d}x_1 \ldots \mathrm{d}x_n$ angibt. Aus dieser Definition folgt

$$p_n(x_1, \ldots, x_n; t_1, \ldots, t_n) \geqq 0. \quad (2.5)$$

Stellt man die Samplinggrößen $X(t_i)$, $i = 1, \ldots, n$, als Komponenten einer Vektors $\boldsymbol{X}$ dar, so läßt sich die n-dimensionale Wahrscheinlichkeitsdichtefunktion anschaulich als Quotient aus der Aufenthaltswahrscheinlichkeit dieses Vektors innerhalb eines Raumelementes $\mathrm{d}V = \mathrm{d}x_1\mathrm{d}x_2 \ldots \mathrm{d}x_n$, das an den Punkt $\boldsymbol{x} = (x_1, \ldots, x_n)$ des n-dimensionalen Raumes anliegt, und dem Volumen des Raumelementes $\mathrm{d}V$ interpretieren.

Für $n \to \infty$ streben die Abtastpunkte $t_1, \ldots, t_n$ gegeneinander, und die n-dimensionale Wahrscheinlichkeitsdichte geht in ein Funktional $p_\infty[x(t)]$ über, das die statistischen Eigenschaften des stochastischen Prozesses vollständig beschreibt. In der Regel gelingt es jedoch nicht, dieses Funktional anzugeben (außer für Gausssche Prozesse), deshalb arbeitet man meist mit der n-dimensionalen Verteilung.

Mit Hilfe der n-dimensionalen Wahrscheinlichkeitsdichte kann die Aufenthaltswahrscheinlichkeit in einem beliebigen Gebiet V des n-dimensionalen Raumes errechnet werden,

$$P[t_1, \ldots, t_n; X(t_1), \ldots, X(t_n) \in V] = \int_{x_1, \ldots, x_n \in V} \cdots \int p_n(x_1, \ldots, x_n; t_1, \ldots, t_n)\mathrm{d}x_1 \ldots \mathrm{d}x_n, \quad (2.6)$$

wobei die Integration über das gesamte interessierende Gebiet V durchgeführt werden muß.

Wir können diese Aufenthaltswahrscheinlichkeit leicht deuten, wenn z. B. das Volumen durch folgende Ungleichungen bestimmt wird:

$$a_i \leqq x_i \leqq b_i .$$

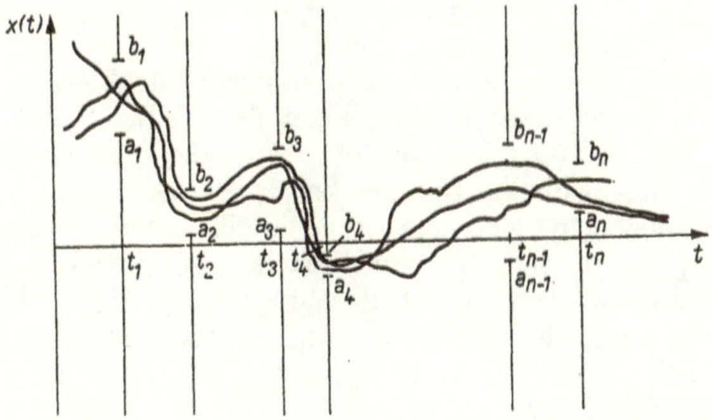

Abb. 6. Illustration der Aufenthaltswahrscheinlichkeit eines Zufallsprozesses

In diesem Falle gibt uns die durch (2.5) bestimmte Aufenthaltswahrscheinlichkeit die Wahrscheinlichkeit des Auftretens von Realisierungen der Zufallsfunktion an, die zu den Zeitpunkten t_i durch die bei t_i aufgestellten „Fenster" verlaufen (s. Abb. 6).

2.3. Eigenschaften der n-dimensionalen Wahrscheinlichkeitsdichte

Interessiert man sich für die Aufenthaltswahrscheinlichkeit innerhalb eines infinitesimalen Raumelementes des nur $(n-1)$-dimensionalen Raumes, so muß die n-dimensionale Dichtefunktion über die nicht interessierende

Koordinate x_i integriert werden,

$$p_{n-1}(x_1, \ldots, x_{i-1}, x_{i+1}, \ldots, x_n;\ t_1, \ldots, t_{i-1}, t_{i+1}, \ldots, t_n)$$
$$\times \mathrm{d}x_1 \cdots \mathrm{d}x_{i-1}\, \mathrm{d}x_{i+1} \cdots \mathrm{d}x_n = \mathrm{d}x_1 \cdots \mathrm{d}x_{i-1}\, \mathrm{d}x_{i+1} \cdots \mathrm{d}x_n$$
$$\times \int_{-\infty}^{\infty} p_n(x_1, \ldots, x_{i-1}, x_i, x_{i+1}, \ldots, x_n;$$
$$t_1, \ldots, t_{i-1}, t_i, t_{i+1}, \ldots, t_n)\, \mathrm{d}x_i\,, \tag{2.7}$$

da ja die $(n - 1)$-dimensionale Wahrscheinlichkeitsdichte die Aufenthaltswahrscheinlichkeit der $X(t_1), \ldots, X(t_{i-1})$, $X(t_{i+1}), \ldots, X(t_n)$ im Gebiet $\mathrm{d}x_1 \cdots \mathrm{d}x_{i-1}\, \mathrm{d}x_{i+1} \cdots \mathrm{d}x_n$ des n-dimensionalen Raumes bei $x_1, \ldots, x_{i-1}, x_{i+1}, \ldots, x_n$ und beliebigen $-\infty < X_i < \infty$ angibt, also innerhalb des parallel zur Koordinatenachse x_i verlaufenden „Schlauches" mit der Querschnittsfläche $\mathrm{d}x_1 \cdots \mathrm{d}x_{i-1}$ $\times\, \mathrm{d}x_{i+1} \cdot \mathrm{d}x_n$, der den Punkt $(x_1, \ldots, x_{i-1}, 0, x_{i+1}, \ldots, x_n)$ berührt.

Aus (2.7) folgt

$$p_{n-1}(x_1, \ldots, x_{i-1}, x_{i+1}, \ldots, x_n;\ t_1, \ldots, t_{i-1}, t_{i+1}, \ldots, t_n)$$
$$= \int_{-\infty}^{\infty} p_n(x_1, \ldots, x_n; t_1, \ldots, t_n)\, \mathrm{d}x_i\,. \tag{2.8}$$

Wendet man (2.8) auf die $(n - 1)$-dimensionale Verteilung an, so erhält man p_{n-2}, bei nochmaliger Verwendung dieser Formel bezüglich p_{n-2} ergibt sich p_{n-3} usw. Man kann also aus der n-dimensionalen Verteilungsdichte alle niedrigerdimensionalen errechnen, wenn man nacheinander über die nicht interessierenden Komponenten x_i, x_j, x_k usw. integriert. Die n-dimensionale Verteilung enthält somit zumindest all die Informationen über die statistischen Eigenschaften des stochastischen Prozesses, die in den niedrigerdimensionalen Verteilungen enthalten sind.

Wendet man (2.8) nacheinander auf $p_n, p_{n-1}, \ldots, p_2$ an, so ergibt sich

$$p_1(x_1;t_1) = \int_{-\infty}^{\infty} \ldots \int p_n(x_1, x_2, \ldots, x_n; t_1, t_2, \ldots, t_n)\, \mathrm{d}x_2\, \mathrm{d}x_3 \cdots \mathrm{d}x_n . \tag{2.9}$$

Andererseits stellt

$$\int_{-\infty}^{\infty} p_1(x_1; t_1)\mathrm{d}x_1 = P[t_1; -\infty < X(t_1) < \infty] \tag{2.10}$$

die Wahrscheinlichkeit für das Auftreten überhaupt irgendeines $X(t_1)$ nach einem Versuch dar, die ja gleich Eins wird. Aus der Zusammenfassung von (2.9) und (2.10) folgt die Normierungsbedingung für die n-dimensionale Verteilung

$$\int_{-\infty}^{\infty} \ldots \int p_n(x_1, \ldots, x_n; t_1, \ldots, t_n)\, \mathrm{d}x_1\, \mathrm{d}x_2 \cdots \mathrm{d}x_n = 1 . \tag{2.11}$$

Wichtig ist noch die Symmetriebeziehung

$$\begin{aligned} & p_n(x_1, \ldots, x_i, \ldots, x_j, \ldots, x_n;\ t_1, \ldots, t_i, \ldots, t_j, \ldots, t_n) \\ & = p_n(x_1, \ldots, x_j, \ldots, x_i, \ldots, x_n;\ t_1, \ldots, t_j, \ldots, t_i, \ldots, t_n), \end{aligned} \tag{2.12}$$

die dem Umstand Ausdruck verleiht, daß bei Indexvertauschung in (2.4) die rechte Seite nach wie vor die Wahrscheinlichkeit für das Auftreten von $X(t_1), \ldots, X(t_n)$ in den Intervallen $[x_1, x_1 + \mathrm{d}x_1), \ldots, [x_n, x_n + \mathrm{d}x_n)$ darstellt und somit unverändert bleibt.

Der Umstand, daß $X(t)$ einen allgemeinen Zufallsprozeß darstellt, wurde bei der Erläuterung des Begriffs der n-dimensionalen Wahrscheinlichkeitsdichte nur der Anschaulichkeit halber vorausgesetzt. t kann ein beliebiger kontinuierlicher oder diskreter Parameter sein. Sind z. B. t_i die Zeitmomente, in denen eine Zufallsfolge ihren Wert ändern kann, während sie innerhalb der Intervalle

$[t_{i-1}, t_i)$ konstant bleibt (s. allgemeine Zufallsfolge, Abb. 5), so ist klar, daß für $t_1 \leqq t_i \leqq t_n$ $(i = 1, 2, \ldots, n)$, also für einen begrenzten Ausschnitt einer unendlichen Zufallsfolge, die n-dimensionale Wahrscheinlichkeitsdichte diesen Prozeß vollständig beschreibt, da die Realisierung der Zufallsfolge innerhalb des begrenzten Ausschnittes mit Hilfe von n Abtastwerten wieder rekonstruiert werden kann. Im Gegensatz dazu läßt sich bei Zufallsprozessen mit kontinuierlichem Zeitparameter zu jeder n-dimensionalen Wahrscheinlichkeitsdichte im allgemeinen Fall eine höherdimensionale finden, die mehr Informationen über die statistischen Eigenschaften enthält als die n-dimensionale.

2.4. n-dimensionale Wahrscheinlichkeitsdichte eines Zufallsvektors

Ganz allgemein kann man die n-dimensionale Wahrscheinlichkeitsdichte als Verbundwahrscheinlichkeit der Komponenten $X_1, X_2, \ldots, X_n$ eines Zufallsvektors $\boldsymbol{X}^T = (X_1, X_2, \ldots, X_n)$ auffassen. $\boldsymbol{X}^T$ ist der transponierte Vektor, also ein Zeilenvektor, während im allgemeinen mit $\boldsymbol{X}$ ein Spaltenvektor bezeichnet wird. Aus Platzgründen ist es bequemer, Zeilenvektoren zu definieren, so daß wir häufig zu den transponierten Vektoren Zuflucht nehmen werden.

Die Komponenten des Zufallsvektors $\boldsymbol{X}$ sind Zufallsgrößen, die voneinander statistisch oder determiniert abhängen können. Die Wahrscheinlichkeitsdichte dieses Vektors ist analog zu (2.4) gleich

$$p_n(x_1, \ldots, x_n)\,\mathrm{d}x_1 \cdots \mathrm{d}x_n$$
$$= P[x_1 \leqq X_1 < x_1 + \mathrm{d}x_1, \ldots, x_n \leqq X_n < x_n + \mathrm{d}x_n] \quad (2.13)$$

oder mit $\boldsymbol{x}^T = (x_1, x_2, \ldots, x_n)$ und dem Volumenelement $\mathrm{d}\mathring{\boldsymbol{x}} = \mathrm{d}x_1\,\mathrm{d}x_2 \cdots \mathrm{d}x_n$ in kompakterer Form

$$p_n(\boldsymbol{x}^T)\mathrm{d}\mathring{\boldsymbol{x}} = P[\boldsymbol{x}^T \leqq \boldsymbol{X}^T < \boldsymbol{x}^T + \mathrm{d}\boldsymbol{x}^T]. \quad (2.14)$$

Die vektorielle Darstellung erlaubt eine gedrängtere Schreibweise, so daß wir häufig davon Gebrauch machen werden. Im Falle stochastischer Prozesse werden die Vektorkomponenten $X_1, \ldots, X_n$ durch die Abtastwerte $X(t_1), \ldots, X(t_n)$ repräsentiert, d. h.

$$\boldsymbol{X}^T = \big(X(t_1), \ldots, X(t_n)\big).$$

Die n-dimensionale Wahrscheinlichkeitsdichte $p_n(\boldsymbol{x}^T)$ wird damit ebenfalls von den Abtastzeitpunkten abhängen, so daß die exakte Schreibweise für p_n lautet:

$$p_n(\boldsymbol{x}^T) = p_n(x_1, \ldots, x_n; t_1, \ldots, t_n).$$

Häufig werden wir an Stelle von $p_n(\boldsymbol{x}^T)$ auch schreiben

$$p_n(\boldsymbol{x}^T) = p_n(\boldsymbol{x}^T; t_1, t_2, \ldots, t_n),$$

um den Umstand zu betonen, daß die Vektorkomponenten hier durch die Abtastwerte eines Zufallsprozesses gebildet werden.

2.5. n-dimensionale Wahrscheinlichkeitsverteilung

Diskrete Zufallsprozesse oder -folgen lassen sich mitunter vorteilhafter durch ihre n-dimensionalen Wahrscheinlichkeitsverteilungen (anstelle der Verteilungsdichten) charakterisieren. Die Wahrscheinlichkeitsverteilung der Komponenten eines Zufallsvektors $\boldsymbol{X}$ wird mit $F_n(x_1, \ldots, x_n)$ bezeichnet und ist

$$F_n(x_1, \ldots, x_n) = P[X_1 < x_1, \ldots, X_n < x_n]$$

oder kurz

$$F_n(\boldsymbol{x}^T) = P[\boldsymbol{X}^T < \boldsymbol{x}^T].$$

$F_n(\boldsymbol{x}^T)$ gibt per definitionem die Wahrscheinlichkeit dafür an, daß jede Komponente X_i des Zufallsvektors $\boldsymbol{X}$

kleiner als x_i ist ($i = 1, \ldots, n$). Unter der Voraussetzung, daß die entsprechende Wahrscheinlichkeitsdichte existiert, gilt für die Wahrscheinlichkeitsverteilung nach (2.6)

$$F_n(x_1, \ldots, x_n) = \int_{-\infty}^{x_1 \ldots x_n} \ldots \int p_n(x_1', \ldots, x'_n)\, dx'_1 \ldots dx'_n. \quad (2.15)$$

Offensichtlich wird für stetige $F_n(x_1, \ldots, x_n)$ entsprechend

$$p_n(x_1, \ldots, x_n) = \frac{\partial^n F_n(x_1, \ldots, x_n)}{\partial x_1\, \partial x_2 \ldots \partial x_n}. \quad (2.16)$$

Allerdings ändert sich F_n beispielsweise für diskrete Prozesse, die sich nur durch abzählbar viele mögliche Werte der X_i auszeichnen, nicht mehr stetig, sondern hat das Aussehen einer n-dimensionalen Stufenfunktion, so daß (2.16) nur gültig bleibt, wenn man die Deltafunktion zur Beschreibung der Ableitung einer Stufenfunktion mit heranzieht.

Nach (2.11) gilt wie auch im eindimensionalen Fall (s. (1.33) und (1.34))

$$F_n(+\infty, \ldots, +\infty) = 1 \quad (2.17)$$

und nach (2.15)

$$F_n(x_1', \ldots, x_n') \geqq F_n(x_1, \ldots, x_n) \quad \text{für} \quad x_i' \geqq x_i (i = 1, \ldots, n), \quad (2.18)$$

$$F_n(-\infty, \ldots, -\infty) = 0. \quad (2.19)$$

$F_n(\boldsymbol{x}^T)$ ist also eine nicht fallende und, wie man zeigen kann, linksseitig stetige Funktion (z. B. [9]).

2.6. Die bedingte Wahrscheinlichkeitsdichte

Betrachten wir nun den Fall zweier Zufallsvektoren $\boldsymbol{X}^T = (X_1, \ldots, X_n)$ und $\boldsymbol{Y}^T = (Y_1, \ldots, Y_n)$, die statistisch voneinander abhängen. Ihre gemeinsame $(n + m)$-

dimensionale Verteilungsdichte sei

$$p_{n+m}(\boldsymbol{x}^T; \boldsymbol{y}^T) = p_{n+m}(x_1, \ldots, x_n; y_1, \ldots, y_m) = p_{n+m}(\boldsymbol{z}^T), \tag{2.20}$$

wobei $\boldsymbol{Z}^T = (X_1, \ldots, X_n; Y_1, \ldots, Y_m)$ einen neuen Zufallsvektor darstellt, dessen Komponenten die X_i und Y_j sind ($i = 1, \ldots, n$; $j = 1, \ldots, m$). Die bedingte Wahrscheinlichkeitsdichte, die mit $p_n(\boldsymbol{x}^T/\boldsymbol{y}^T) = p_n(x_1, \ldots, x_n/y_1, \ldots, y_m)$ bezeichnet wird, ist gegeben durch

$$\begin{aligned} &p_n(x_1, x_2, \ldots, x_n/y_1, y_2, \ldots, y_m)\mathrm{d}x_1 \ldots \mathrm{d}x_n \\ &= P[x_1 \leqq X_1 < x_1 + \mathrm{d}x_1, \ldots, x_n \leqq X_n < x_n + \mathrm{d}x_n; \\ &\qquad Y_1 = y_1, Y_2 = y_2, \ldots, Y_m = y_m]. \end{aligned} \tag{2.21}$$

Sie stellt den Quotienten aus der Aufenthaltswahrscheinlichkeit des Vektors $\boldsymbol{X}$ innerhalb eines an $\boldsymbol{x}$ anliegenden infinitesimalen Raumelementes $d\mathring{\boldsymbol{x}}$ des n-dimensionalen Raumes *bei fixiertem* $\boldsymbol{Y}$*-Vektor* und dem Volumen dieses Raumelementes dar.

Die bedingte Wahrscheinlichkeitsdichte, genauer $p_n(\boldsymbol{x}^T/\boldsymbol{y}^T)d\mathring{\boldsymbol{x}}$ gibt damit an, in welchem Maße die Wahrscheinlichkeit des Auftretens einer Realisierung von $\boldsymbol{X}$ innerhalb des Raumelementes $\mathrm{d}\mathring{\boldsymbol{x}}$ bei $\boldsymbol{x}$ durch ein vorgegebenes $\boldsymbol{Y}$ beeinflußt wird und charakterisiert den Grad der statistischen Abhängigkeit der beiden Vektoren $\boldsymbol{X}$ und $\boldsymbol{Y}$.

Diese Bedeutung der bedingten Wahrscheinlichkeit wollen wir uns an zwei Beispielen klarmachen. Nehmen wir an, daß der Wert des Zufallsvektors $\boldsymbol{X}$ eindeutig durch den Wert von $\boldsymbol{Y}$ bestimmt wird: $\boldsymbol{X} = \boldsymbol{F}(\boldsymbol{Y})$ — oder ausführlich $X_i = f_i(Y_1, \ldots, Y_m)$ — die f_i sind die Komponenten des Vektors $\boldsymbol{F}$. Zwischen beiden Vektoren existiert also eine *determinierte* funktionelle Abhängigkeit. Die Aufenthaltswahrscheinlichkeit (2.21) von $\boldsymbol{X}$ innerhalb des Intervalls $[\boldsymbol{x}, \boldsymbol{x} + \mathrm{d}\boldsymbol{x})$ bei fixierten $\boldsymbol{Y}$ strebt dann für genügend kleine $\mathrm{d}\mathring{\boldsymbol{x}}$ und alle $\boldsymbol{X} \neq \boldsymbol{F}(\boldsymbol{Y})$ gegen Null und für $\boldsymbol{X} = \boldsymbol{F}(\boldsymbol{Y})$ gegen Eins. Der Quotient aus Aufenthaltswahrscheinlichkeit und $d\mathring{\boldsymbol{x}}$ strebt demzufolge bei $d\mathring{\boldsymbol{x}} \to 0$ für $\boldsymbol{X} = \boldsymbol{F}(\boldsymbol{Y})$ gegen Unendlich, sonst gegen Null. Die bedingte Wahrscheinlichkeitsdichte wird in diesem Fall gleich

$$p_n(\boldsymbol{x}^T/\boldsymbol{y}^T) = \delta\big(\boldsymbol{x}^T - \boldsymbol{F}^T(\boldsymbol{y})\big) \tag{2.22}$$

mit $\delta\big(\boldsymbol{x}^T - \boldsymbol{F}^T(\boldsymbol{y})\big) = \prod_{i=1}^{n} \delta\big(x_i - f_i(y_1, \ldots, y_m)\big)$ als Produkt von Deltafunktionen.

Im zweiten Grenzfall der statistischen Unabhängigkeit von $\boldsymbol{X}$ und $\boldsymbol{Y}$, bei dem das Auftreten einer Realisierung des Zufallsvektors $\boldsymbol{Y}$ keinen Einfluß auf die Wahrscheinlichkeit des Auftretens einer bestimmten Realisierung von $\boldsymbol{X}$ hat, hängt der rechte Teil von (2.21) nicht mehr von $\boldsymbol{Y}$ ab, d. h.

$$p_n(\boldsymbol{x}^T/\boldsymbol{y}^T) = p_n(\boldsymbol{x}^T) \,. \tag{2.23}$$

Für Zufallsfunktionen läßt sich die Bedeutung der bedingten Wahrscheinlichkeitsdichte recht gut veranschaulichen. Betrachten wir eine Zufallsfunktion $X(t)$ und bezeichnen mit $\boldsymbol{X}$ den Satz von Abtastwerten $\boldsymbol{X}^T = \big(X(t_1), X(t_2), \ldots, X(t_n)\big)$ und mit $\boldsymbol{Y}$ den Satz $\boldsymbol{Y}^T = \big(X(t_1'), \ldots, X(t_m')\big)$. Die bedingte Wahrscheinlichkeitsdichte $p_n(\boldsymbol{x}^T/\boldsymbol{y}^T)d\mathring{\boldsymbol{x}}$ kann dann analog zu Abb. 6 interpretiert werden und gibt uns die Wahrscheinlichkeit des Auftretens einer Realisierung des stochastischen Prozesses an, der zu den Zeitpunkten $t_1, \ldots, t_n$ durch die „Fenster" bei $x_1, \ldots, x_n$ mit den Öffnungshöhen $dx_1 \ldots dx_n$ und zu den Zeitpunkten $t_1', \ldots, t_m'$ *genau* durch die Punkte $y_1, \ldots, y_m$ hindurchläuft. In Abb. 7 sind einige derartige Realisierungen angegeben.

Die Beziehung zwischen der Verbundwahrscheinlichkeit $p_{n+m}(\boldsymbol{x}^T; \boldsymbol{y}^T)$ zweier Zufallsvektoren $\boldsymbol{X}$ und $\boldsymbol{Y}$ und der bedingten Wahrscheinlichkeit wird — wie im eindimensionalen Fall (s. Kap. 1) — durch die Gleichung

$$p_n(\boldsymbol{x}^T/\boldsymbol{y}^T) = \frac{p_{n+m}(\boldsymbol{x}^T; \boldsymbol{y}^T)}{p_m(\boldsymbol{y}^T)} \tag{2.24}$$

gegeben. Diese Beziehung wird nach (1.15) offensichtlich, wenn man unter dem Ereignis A die Erfüllung der Ungleichung $\boldsymbol{x} \leqq \boldsymbol{X} < \boldsymbol{x} + \mathrm{d}\boldsymbol{x}$ und unter B das Eintreten der Gleichung $\boldsymbol{Y} = \boldsymbol{y}$ versteht.

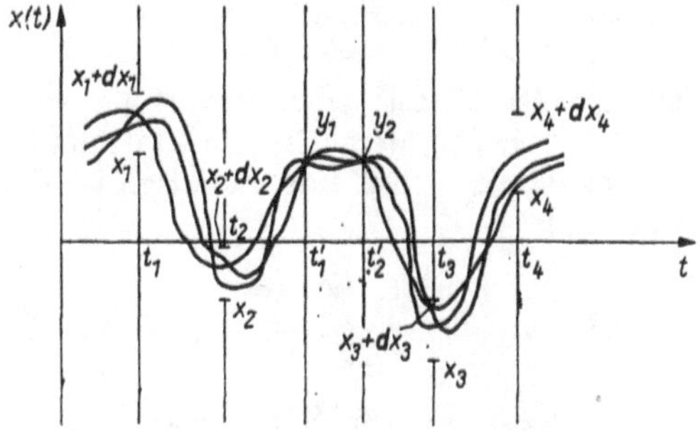

Abb. 7. Zur Illustration der bedingten Wahrscheinlichkeitsdichte

Bei Vertauschung von $\boldsymbol{X}$ und $\boldsymbol{Y}$ erhält man analog

$$p_m(\boldsymbol{y}^T/\boldsymbol{x}^T) = \frac{p_{n+m}(\boldsymbol{x}^T;\, \boldsymbol{y}^T)}{p_n(\boldsymbol{x}^T)}. \tag{2.25}$$

Die Vereinigung beider Formeln liefert den BAYESschen Satz

$$p_n(\boldsymbol{x}^T/\boldsymbol{y}^T) = \frac{p_m(\boldsymbol{y}^T/\boldsymbol{x}^T)\, p_n(\boldsymbol{x}^T)}{p_m(\boldsymbol{y}^T)}, \tag{2.26}$$

den man unter Berücksichtigung von

$$p_m(\boldsymbol{y}^T) = \int_{-\infty}^{\infty} p_{n+m}(\boldsymbol{x}^T;\, \boldsymbol{y}^T)\,\mathrm{d}\mathring{\boldsymbol{x}} = \int_{-\infty}^{\infty} p_m(\boldsymbol{y}^T/\boldsymbol{x}^T)\, p_n(\boldsymbol{x}^T)\,\mathrm{d}\mathring{\boldsymbol{x}} \tag{2.27}$$

auch folgendermaßen schreiben kann:

$$p_n(\boldsymbol{x}^T/\boldsymbol{y}^T) = \frac{p_m(\boldsymbol{y}^T/\boldsymbol{x}^T)\, p_n(\boldsymbol{x}^T)}{\int_{-\infty}^{\infty} p_m(\boldsymbol{y}^T/\boldsymbol{x}^T)\, p_n(\boldsymbol{x}^T)\,\mathrm{d}\mathring{\boldsymbol{x}}}. \tag{2.28}$$

Der BAYESsche Satz spielt eine fundamentale Rolle z. B. in der Theorie der Optimaldemodulation.

2.7. Statistische Mittelwerte und Momente von Zufallsfunktionen

Der statistische Mittel- oder Erwartungswert einer Funktion $f(X_1, \ldots, X_n)$, deren Argumente Zufallsgrößen sind und die damit selbst eine Zufallsgröße darstellt, wird definiert als

$$\langle f(X_1, \ldots, X_n) \rangle = \int_{-\infty}^{\infty} \cdots \int_{-\infty}^{\infty} f(x_1, \ldots, x_n) \times p_n(x_1, \ldots, x_n) \, dx_1 \cdots dx_n . \tag{2.29}$$

Das Symbol $\langle \; \rangle$ bedeutet statistische Mittelwertbildung; $\langle f(X_1, \ldots, X_n) \rangle$ ist der sogenannte Ensemblemittelwert, da wir uns die statistische Mittelung als Mittelung über ein Ensemble gleicher physikalischer Systeme vorzustellen haben. Die Mittelwertbildung ist eine lineare Operation, da für fixierte α_k und beliebige $M \geqq 1$ nach (2.29) gilt

$$\left\langle \sum_{k=1}^{M} \alpha_k f_k(X_1, \ldots, X_n) \right\rangle = \sum_{k=1}^{M} \alpha_k \langle f_k(X_1, \ldots, X_n) \rangle . \tag{2.30}$$

Sind die $X_1, \ldots, X_n$ die Abtastwerte einer Zufallsfunktion $X(t)$, so hängt die n-dimensionale Wahrscheinlichkeitsdichte von den Samplingzeitpunkten $t_1, \ldots, t_n$ ab und

$$\langle f(X_1, \ldots, X_n) \rangle = \int_{-\infty}^{\infty} \cdots \int_{-\infty}^{\infty} f(x_1, \ldots, x_n) \times p_n(x_1, \ldots, x_n; t_1, \ldots, t_n) dx_1 \ldots dx_n \tag{2.31}$$

wird ebenfalls eine Funktion der Zeitpunkte $t_1, \ldots, t_n$.

Ein wichtiger Sonderfall von Erwartungswerten liegt vor, wenn $f(X_1, \ldots, X_n)$ ein Produkt von Potenzen der

Zufallsgrößen $X_1, \ldots, X_n$ darstellt:

$$f(X_1, \ldots, X_n) = X_1^{\nu_1} \cdot X_2^{\nu_2} \cdots X_n^{\nu_n}, \quad \nu_i = 0, 1, \ldots. \tag{2.32}$$

Die Erwartungswerte $\langle X_1^{\nu_1} \ldots X_n^{\nu_n} \rangle$ werden als (gemischte) Momente $(\nu_1 + \nu_2 + \cdots + \nu_n)$-ter Ordnung bezeichnet.

Die statistische Mittelwertbildung von Potenzprodukten der Art (2.32) vereinfacht sich, wenn k der Zufallsgrößen $X_1, \ldots, X_k$ von den übrigen $(n-k)$-Zufallsgrößen $X_{k+1}, \ldots, X_n$ statistisch unabhängig sind. Die Verbundwahrscheinlichkeit $p_n(x_1, \ldots, x_n)$ zerfällt dabei nach (2.23) und (2.24) in ein Produkt zweier niederdimensionaler Dichtefunktionen

$$\begin{aligned} p_n(x_1, \ldots, x_n) &= p_k(x_1, \ldots, x_k / x_{k+1}, \ldots, x_n)\, p_{n-k}(x_{k+1}, \ldots, x_n) \\ &= p_k(x_1, \ldots, x_k)\, p_{n-k}(x_{k+1}, \ldots, x_n). \end{aligned} \tag{2.33}$$

Umgekehrt sind bei Erfüllung von (2.33) die beiden Gruppen von Zufallsgrößen $X_1, \ldots, X_k$ und $X_{k+1}, \ldots, X_n$ statistisch unabhängig voneinander. Die Integration

$$\begin{aligned} &\langle X_1^{\nu_1} \ldots X_k^{\nu_k} \cdot X_{k+1}^{\nu+1} \ldots X_n^{\nu_n} \rangle \\ &= \int_{-\infty}^{\infty} \cdots \int x_1^{\nu_1} \ldots x_k^{\nu_k}\, p_k(x_1, \ldots, x_k)\, \mathrm{d}x_1 \ldots \mathrm{d}x_k \\ &\quad x_{k+1}^{\nu_{k+1}} \ldots x_n^{\nu_n}\, p_{n-k}(x_{k+1}, \ldots, x_n)\, \mathrm{d}x_{k+1} \ldots \mathrm{d}x_n \end{aligned} \tag{2.34}$$

über die ersten Variablen $x_1, \ldots, x_k$ kann entsprechend unabhängig von der über die Variablen $x_{k+1}, \ldots, x_n$ durchgeführt werden, so daß

$$\begin{aligned} &\langle X_1^{\nu_1} \ldots X_k^{\nu_k} \cdot X_{k+1}^{\nu_{k+1}} \ldots X_n^{\nu_n} \rangle \\ &= \langle X_1^{\nu_1} \ldots X_k^{\nu_k} \rangle \cdot \langle X_{k+1}^{\nu_{k+1}} \ldots X_n^{\nu_n} \rangle. \end{aligned} \tag{2.35}$$

Bei statistischer Unabhängigkeit aller Variablen voneinander geht der Mittelwert $\langle X_1^{\nu_1} \ldots X_n^{\nu_n} \rangle$ in das

Produkt der Mittelwerte über:

$$\langle X_1^{\nu_1} \cdots X_n^{\nu_n} \rangle = \langle X_1^{\nu_1} \rangle \cdot \langle X_2^{\nu_2} \rangle \cdots \langle X_n^{\nu_n} \rangle . \qquad (2.36)$$

2.8. Die gemischten Momente einer Zufallsfunktion

Bei der statistischen Beschreibung von Zufallsprozessen werden sehr oft die eben erwähnten gemischten Momente bzw. gemischten zentralen Momente zu Hilfe genommen.

Das gemischte Moment $(\nu_1 + \nu_2 + \cdots + \nu_n)$-ter Ordnung ist der Erwartungswert des Produktes von Potenzen der Zufallsgrößen $X(t_i)$ des Zufallsprozesses $X(t)$ $(i = 1, \ldots, n)$:

$$\langle X^{\nu_1}(t_1) \cdots X^{\nu_n}(t_n) \rangle = \int_{-\infty}^{\infty} \cdots \int x_1^{\nu_1} \cdots x_n^{\nu_n} \times p_n(x_1, \ldots, x_n; t_1, \ldots, t_n) \, \mathrm{d}x_1 \cdots \mathrm{d}x_n . \qquad (2.37)$$

Das erste Moment einer Zufallsfunktion $\langle X(t_i) \rangle$, gewöhnlich einfach als Mittelwert bezeichnet,

$$\langle X(t_i) \rangle = \int_{-\infty}^{\infty} x_i p_1(x_i; t_i) \, \mathrm{d}x_i \qquad (2.38)$$

vermittelt eine Vorstellung über den zeitlichen Verlauf des Prozesses. Die Realisierungen eines Zufallsprozesses gruppieren sich um den Mittelwert. In Abb. 8 sind zwei Zufallsprozesse mit gleichen Mittelwerten angegeben. Man sieht, daß trotz gleicher erster Momente die Änderungsgeschwindigkeiten und Streuungen der einzelnen Realisierungen wesentlich voneinander verschieden sein können.

Zieht man zur Beschreibung des Zufallsprozesses das zweite gemischte Moment $\langle X(t_i) \cdot X(t_j) \rangle$ hinzu,

$$\langle X(t_i) \cdot X(t_j) \rangle = \iint_{-\infty}^{\infty} x_i x_j p_2(x_i, x_j; t_i, t_j) \, \mathrm{d}x_i \, \mathrm{d}x_j , \qquad (2.39)$$

so erhält man schon eine Aussage über die Änderungsgeschwindigkeit des Zufallsprozesses. Bei gleichen, genügend weit auseinander liegenden t_i und t_j ist das zweite gemischte Moment für den Zufallsprozeß in Abb. 8 rechts wesentlich größer als für den links dargestellten Prozeß, da ja der Wert von $X(t_j)$ in Abb. 8 rechts viel stärker vom Wert $X(t_i)$ abhängt als in Abb. 8 links. Die Kopplung zweier Abtastwerte des rechten Prozesses ist also bedeutend stärker als die des linken.

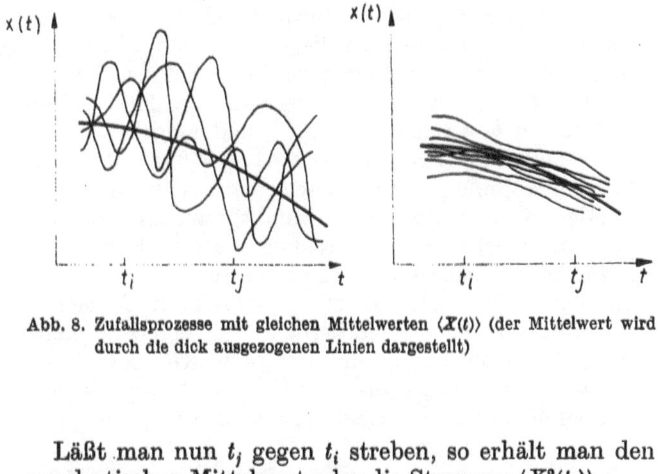

Abb. 8. Zufallsprozesse mit gleichen Mittelwerten $\langle X(t) \rangle$ (der Mittelwert wird durch die dick ausgezogenen Linien dargestellt)

Läßt man nun t_j gegen t_i streben, so erhält man den quadratischen Mittelwert oder die Streuung $\langle X^2(t_i) \rangle$.

Da wir im weiteren häufig in Ausdrücken vom Typ (2.39) Zeitmomente gegeneinander streben lassen werden, soll dieser Grenzübergang ausführlich durchgeführt werden:

Nach (2.24) ist die zweidimensionale Wahrscheinlichkeitsdichte $p_2(x_i, x_j; t_i, t_j) = p_2(x_i; t_i)\, p_2(x_j; t_j/x_i; t_i)$. Für $t_j \to t_i$ strebt die bedingte Wahrscheinlichkeitsdichte gegen die Deltafunktion $\delta(x_j - x_i)$, da ja für $t_j \to t_i$ x_j immer „determinierter" durch x_i bestimmt wird (s. a. (2.22)). Formel (2.39) liefert uns somit nach dem Grenzübergang $t_j \to t_i$ die Beziehung

$$\langle X^2(t_i)\rangle = \int\limits_{-\infty}^{\infty}\!\!\int x_i x_j p_1(x_i; t_i)\, \delta(x_i - x_j)\, \mathrm{d}x_i\, \mathrm{d}x_j$$

$$= \int\limits_{-\infty}^{\infty} x_i^2\, p_2(x_i; t_i)\, \mathrm{d}x_i, \qquad (2.40)$$

die natürlich auch mit $f(X_i) = X^2(t_i)$ direkt aus (2.29) folgt.

In Abb. 8 ist die quadratische Streuung für den linken Prozeß bedeutend größer als für den rechten, obwohl für genügend weit voneinander liegende t_i und t_j das gemischte Moment zweiter Ordnung für den linken Prozeß wesentlich kleiner war als für den rechten. Die Abhängigkeit $\langle X(t_i) \cdot X(t_j)\rangle$ von t_j bei fixierten t_i und umgekehrt vermittelt also eine Vorstellung über den Grad der statistischen Kopplung zweier verschieden weit voneinander liegender Abtastwerte eines Zufallsprozesses und gestattet es, gleichzeitig die Streuung des Zufallsprozesses um die Abszissenachse $x = 0$ zu erfassen.

Analog liefern die höheren gemischten Momente Informationen über die statistische Abhängigkeit mehrerer Zufallsgrößen $X(t_i)$ des Prozesses $X(t)$ oder ihrer Potenzen. Mit wachsender Ordnung verlieren die gemischten Momente aber rasch ihre Anschaulichkeit.

2.9. Die gemischten zentralen Momente

Betrachtet man einen Zufallsprozeß $X(t)$, dessen Mittelwert durch Überlagerung einer determinierten Zeitfunktion verändert wird, so bleiben alle statistischen Eigenschaften außer dem Mittelwert des summaren Prozesses unverändert. Die gemischten Momente (2.37) sind nicht in der Lage, diese Invarianz gegenüber Änderungen nur des Mittelwertes eines Zufallsprozesses auszudrücken. Deshalb ist es zweckmäßig, eine neue Funktion $X_0(t)$ einzuführen – die zentrierte Zufallsfunktion:

$$X_0(t) = X(t) - \langle X(t) \rangle . \tag{2.41}$$

Die gemischten Momente der zentrierten Zufallsfunktion $X_0(t)$, die als gemischte zentrale Momente der Zufallsfunktion $X(t)$ bezeichnet werden und analog zu (2.37) mit Hilfe der Gleichung

$$\langle X_0^{\nu_1}(t_1) \cdots X_0^{\nu_n}(t_n) \rangle = \int_{-\infty}^{\infty} \cdots \int [x_1 - \langle X(t_1) \rangle]^{\nu_1} \cdots$$

$$[x_n - \langle X(t_n) \rangle]^{\nu_n} \, p_n(x_1, \ldots, x_n; t_1, \ldots, t_n) \, \mathrm{d}x_1 \cdots \mathrm{d}x_n \tag{2.42}$$

berechnet werden können, sind unabhängig von Änderungen des Mittelwertes einer Zufallsfunktion.

Das erste zentrale Moment $\langle X_0(t) \rangle$ ist immer gleich Null. Das zweite zentrale Moment $\langle X_0^2(t) \rangle$ charakterisiert die quadratische Streuung des Prozesses nicht mehr um die Abszissenachse wie $\langle X(t) \rangle$, sondern um den Mittelwert der Zufallsfunktion. Entsprechend ist das zentrale Moment $\langle X_0(t_i) \cdot X_0(t_j) \rangle$ wie auch alle anderen höheren zentralen Momente frei von den Informationen, die in den Mittelwerten $\langle X(t_i) \rangle$ und $\langle X(t_j) \rangle$ enthalten sind. Das zweite gemischte zentrale Moment $\langle X_0(t_i) \cdot X_0(t_j) \rangle$ ist als gewöhnliche Korrelationsfunktion bekannt und charakterisiert die statistische Kopplung zweier Abtastwerte eines Zufallsprozesses mit verschwindendem Mittelwert.

2.10. Bedingte Erwartungswerte und bedingte Momente

In vielen Fällen werden die bedingten Erwartungswerte und bedingten Momente zur Berechnung bestimmter statistischer Abhängigkeiten benötigt.

Der bedingte Erwartungswert $\langle f(X_1, \ldots, X_n; Y_1, \ldots, Y_m) / y_1, \ldots, y_m \rangle$ wird definiert als statistischer Mittelwert von $f(X_1, \ldots, X_n; Y_1, \ldots, Y_m)$ bei fixierten Werten der $Y_1 = y_1, \ldots, Y_m = y_m$:

$$\langle f(X_1, \ldots, X_n; Y_1, \ldots, Y_m)/y_1, \ldots, y_m\rangle = \int_{-\infty}^{\infty}\cdots\int f(x_1, \ldots, x_n; y_1, \ldots, y_m)\, p_n(x_1, \ldots, x_n/y_1, \ldots, y_m)\, dx_1 \cdots dx_n. \tag{2.43}$$

Die Bildung der bedingten Erwartungswerte ist wie auch die gewöhnliche Mittelwertbildung eine lineare Operation:

$$\left\langle \sum_{k=1}^{M} \alpha_k f_k(X_1, \ldots, X_n; Y_1, \ldots, Y_m)/y_1; \ldots; y_m \right\rangle = \sum_{k=1}^{M} \alpha_k \langle f_k(X_1, \ldots, X_n; Y_1, \ldots, Y_m)/y_1, \ldots, y_m\rangle. \tag{2.44}$$

Die bedingten Momente, bezogen auf eine Zufallsfunktion, werden in Übereinstimmung mit (2.43) bestimmt durch

$$\langle X^{\nu_k}(t_k) \cdots X^{\nu_n}(t_n)/x(t_{k-1}), \ldots, x(t_1)\rangle = \int_{-\infty}^{\infty}\cdots\int x_k^{\nu_k} \cdots x_n^{\nu_n}\, p_{n-k}(x_k, \ldots, x_n; t_k, \ldots, t_n/ x_{k-1}, \ldots, x_1; t_{k-1}, \ldots, t_1)\, dx_k\, dx_{k+1} \cdots dx_n \tag{2.45}$$

und stellen hier die Erwartungswerte des Potenzprodukts $X^{\nu_k}(t_k) \cdot X^{\nu_{k+1}}(t_{k+1}) \cdots X^{\nu_n}(t_n)$ der Realisierungen des ursprünglichen Zufallsprozesses dar, die in den Momenten $t_1, \ldots, t_{k-1}$ die Werte $x_1, \ldots, x_{k-1}$ angenommen haben.

3. Die charakteristische Funktion, Momenten- und Korrelationsfunktionen

Die Analyse stochastischer Systeme kann als vollständig gelöst betrachtet werden, wenn es gelingt, die n-dimensionale Wahrscheinlichkeitsdichte der Zustandsgrößen des Systems zu finden. Wird der Zustand des Systems durch N Zufallsfunktionen $X_1(t), \ldots, X_N(t)$ beschrieben, von denen jeder eine n_i-dimensionale Wahrscheinlichkeitsdichte $p_{n_i}(x_{i,1}, \ldots, x_{i,n_i}; t_{i,1}, \ldots, t_{i,n_i})$ zuzuordnen ist, so charakterisiert die n-dimensionale Wahrscheinlichkeitsdichtefunktion des Systems $p_n(x_{1,1}, \ldots, x_{1,n_1}; t_{1,1}, \ldots, t_{1,n_1}; x_{2,1}, \ldots, x_{2,n_2}; t_{2,1}, \ldots, t_{2,n_2}; \ldots, x_{N,1}, \ldots, x_{N,n_N}; t_{N,1}, \ldots, t_{N,n_N})$ mit $n = n_2 + n_2 + \cdots + n_N$ nicht nur jede einzelne Zufallsfunktion $X_i(t)$, sondern auch die statistischen Kopplungen zwischen ihnen. Selbst für den Fall eines einfachen Vierpols, dessen Zustand nur durch eine Ausgangsfunktion repräsentiert wird ($N = 1$), kann die n_1-dimensionale Wahrscheinlichkeitsdichte nur in Sonderfällen angegeben werden. Es muß deshalb nach Methoden gesucht werden, die es erstens gestatten, Auskunft über die wichtigsten statistischen Eigenschaften der Zustandsgrößen eines Systems zu erhalten und die zweitens wenigstens prinzipiell den Aufbau von Näherungsverfahren zur immer genaueren Beschreibung der n-dimensionalen Wahrscheinlichkeitsdichte zulassen. Ein geeignetes Hilfsmittel zur Lösung dieser Aufgabe stellt sehr oft die charakteristische Funktion dar.

3.1. Definition der charakteristischen Funktion

Die charakteristische Funktion der n-dimensionalen Wahrscheinlichkeitsdichte $p_n(x_1, \ldots, x_n)$ wird mit $h_n(p_1, \ldots, p_n)$ bezeichnet und ist die FOURIER-Transformierte von $p_n(x_1, \ldots, x_n)$,

$$h_n(p_1, \ldots, p_n) = \langle e^{p_1 X_1 + \cdots + p_n X_n} \rangle = \int_{-\infty}^{\infty} \cdots \int e^{p_1 x_1 + \cdots + p_n x_n} \times p_n(x_1, \ldots, x_n) \, dx_1 \cdots dx_n, \tag{3.1}$$

wobei die Abkürzung $p_i = i\lambda_i$ mit reellem λ_i verwendet wurde[1] $\left(i = \sqrt{-1}\right)$. Da $p_n(x_1, \ldots, x_n)$ positiv semidefinit

[1]) Die p_i sind nicht mit den Wahrscheinlichkeitsdichten, die mit den gleichen Buchstaben bezeichnet werden, zu verwechseln.

ist (2.5) und der Normierungsbedingung genügt, existiert zu jeder Wahrscheinlichkeitsdichte die entsprechende charakteristische Funktion. Man beachte, daß die FOURIER-Transformierte $F(i\lambda)$ einer Funktion $f(x)$ gewöhnlich als

$$F(i\lambda) = \int_{-\infty}^{\infty} e^{-i\lambda x} f(x) dx \tag{3.2}$$

eingeführt wird. Auch wir werden außer bei der FOURIER-Transformation von Wahrscheinlichkeitsdichten (3.2) verwenden, lediglich aus Bequemlichkeitsgründen wird die charakteristische Funktion mit umgekehrtem Vorzeichen von λ_i angesetzt.

Die Rücktransformation der charakteristischen Funktion gibt die Wahrscheinlichkeitsdichte

$$p_n(x_1, \ldots, x_n) = \frac{1}{(2\pi i)^n} \int_{-i\infty}^{i\infty} \cdots \int h_n(p_1, \ldots, p_n) \times e^{-(p_1 x_1 + \cdots + p_n x_n)} dp_1 \cdots dp_n . \tag{3.3}$$

3.2. Eigenschaften der charakteristischen Funktion

Die wichtigsten Eigenschaften der charakteristischen Funktion folgen direkt aus (2.8) und (2.12). Setzt man in (3.1) $p_i = 0$ und integriert über dx_i, so wird mit (2.8)

$$h_n(p_1, \ldots, p_{i-1}, 0, p_{i+1}, \ldots, p_n) = h_{n-1}(p_1, \ldots, p_{i-1}, p_{i+1}, \ldots, p_n) \tag{3.4}$$

bzw. nach sukzessiver Anwendung mit der Normierungsbedingung (2.11)

$$h_n(0, 0, \ldots, 0) = 1 . \tag{3.5}$$

Faßt man $p_n(x_1, \ldots, x_n)$ als Wahrscheinlichkeitsdichte einer Zufallsfunktion auf, so wird $p_n(x_1, \ldots, x_n) =$

$p_n(x_1, \ldots, x_n; t_1, \ldots, t_n)$ zeitabhängig, und die charakteristische Funktion hängt dann ebenfalls von den Zeitmomenten t_i ab:

$$h_n(p_1, \ldots, p_n; t_1, \ldots, t_n) = \int_{-\infty}^{\infty} \cdots \int e^{p_1 x_1 + \cdots + p_n x_n} \times p_n(x_1, \ldots, x_n; t_1, \ldots, t_n) \, dx_1 \cdots dx_n . \tag{3.6}$$

Aus der Symmetriebeziehung (2.12) folgt, daß bei Vertauschung der Indizies i und j in der Dichtefunktion p_n die charakteristische Funktion unverändert bleibt, wenn ebenfalls p_i und p_j vertauscht werden,

$$h_n(p_1, \ldots, p_i, \ldots, p_j, \ldots, p_n; t_1, \ldots, t_i, \ldots, t_j, \ldots, t_n) = h_n(p_1, \ldots, p_j, \ldots, p_i, \ldots, p_n; t_1, \ldots, t_j, \ldots, t_i, \ldots, t_n) . \tag{3.7}$$

Die charakteristische Funktion genügt also der gleichen Symmetriebeziehung wie die Wahrscheinlichkeitsdichtefunktion.

Auf die Bedeutung der charakteristischen Funktion wird in den nächsten Abschnitten eingegangen werden.

3.3. Zusammenhang zwischen charakteristischer Funktion und den gemischten Momenten

Die charakteristische Funktion $h_n(p_1, \ldots, p_n; t_1, \ldots, t_n)$ wurde als Fourier-Transformierte der n-dimensionalen Wahrscheinlichkeitsdichte eingeführt:

$$h_n(p_1, \ldots, p_n; t_1, \ldots, t_n) = \int_{-\infty}^{\infty} \cdots \int e^{p_1 x_1 + \cdots + p_n x_n} \times p_n(x_1, \ldots, x_n; t_1, \ldots, t_n) \, dx_1 \cdots dx_n . \tag{3.8}$$

Wir differenzieren (3.8) ν_1-mal nach p_1, ν_2-mal nach p_2 usw., vertauschen dabei auf der rechten Seite Integration und Differentiation und erhalten

$$\frac{\partial^{\nu_1+\nu_2+\cdots+\nu_n} h_n(p_1, \ldots, p_n; t_1, \ldots, t_n)}{\partial p_1^{\nu_1} \partial p_2^{\nu_2} \cdots \partial p_n^{\nu_n}} = \int_{-\infty}^{\infty} \cdots \int x_1^{\nu_1} \cdot x_2^{\nu_2} \cdots x_n^{\nu_n}$$

$$\times e^{p_1 x_1 + \cdots + p_n x_n} \cdot p_n(x_1, \ldots, x_n; t_1, \ldots, t_n) \, dx_1 \cdots dx_n . \quad (3.9)$$

Bei $p_i = 0$ $(i = 1, 2, \ldots, n)$ stehen rechts die durch (2.37) definierten gemischten Momente,

$$\langle X^{\nu_1}(t_1) \cdots X^{\nu_n}(t_n) \rangle$$

$$= \left. \frac{\partial^{\nu_1+\nu_2+\cdots+\nu_n} h_n(p_1, \ldots, p_n; t_1, \ldots, t_n)}{\partial p_1^{\nu_1} \, \partial p_2^{\nu_2} \cdots \partial p_n^{\nu_n}} \right|_{p_i=0}, \quad (3.10)$$

die sich also direkt mit Hilfe der charakteristischen Funktion bestimmen lassen.

3.4. Einführung der Momentenfunktionen

Die Momentenfunktionen $m_s(t_{r_1}, t_{r_2}, \ldots, t_{r_s})$, die die gemischten Momente s-ter Ordnung $\langle X(t_{r_1}) X(t_{r_2}) \cdots X(t_{r_s}) \rangle$ von s Abtastwerten der Zufallsfunktion darstellen, werden definiert durch

$$m_s(t_{r_1}, \ldots, t_{r_s}) = \left. \frac{\partial^s h_s(p_{r_1}, \ldots, p_{r_s}; t_{r_1}, \ldots, t_{r_s})}{\partial p_{r_1} \, \partial p_{r_2} \cdots \partial p_{r_s}} \right|_{p_{r_i}=0} . \quad (3.11)$$

Sie weisen folgende Eigenschaften auf, die sich unmittelbar aus (3.7) und (3.4) ergeben:

$$t_{r_1}(t_{r_1}, \ldots, t_{r_i}, \ldots, t_{r_j}, \ldots, t_{r_s}) = m_s(t_{r_2}, \ldots, t_{r_j}, \ldots, t_{r_i}, \ldots, t_{r_s}), \quad (3.12)$$

$$m_s(\underbrace{t_1, \ldots, t_1}_{k_1-\text{mal}}; \underbrace{t_2, \ldots, t_2}_{k_2-\text{mal}}; \ldots; \underbrace{t_n, \ldots, t_n}_{k_n-\text{mal}})$$

$$= \left. \frac{\partial^s h_n(p_1, \ldots, p_n; t_1, \ldots, t_n)}{\partial p_1^{k_1} \, \partial p_2^{k_2} \cdots \partial p_n^{k_n}} \right|_{p_i=0} . \quad (3.13)$$

$$(s = k_1 + k_2 + \cdots + k_n)$$

Die Symmetrie der charakteristischen Funktionen zieht also die Invarianz der Momentenfunktionen gegenüber beliebigen Vertauschungen der Argumente t_{r_i} nach sich, während die Gleichung (3.13) die Berechnung der s-ten Momentenfunktion, in der die Argumente t_1 k_1-mal, t_2 k_2-mal usw. erscheinen, mit Hilfe der nur n-dimensionalen charakteristischen Funktion ermöglicht ($k_i \geqq 0$; $\sum_{i=1}^{n} k_i = s \geqq n$). Diese Aussage folgt auch unmittelbar aus (3.10), da

$$m_s(t_{r_1}, \ldots, t_{r_s}) = \langle X(t_{r_1}) \cdots X(t_{r_s}) \rangle \tag{3.14}$$

bzw.

$$\begin{aligned} m_s(\underbrace{t_1, \ldots, t_1}_{k_1-\text{mal}}; \underbrace{t_2, \ldots, t_2}_{k_2-\text{mal}}; \ldots; \underbrace{t_n, \ldots, t_n}_{k_n-\text{mal}}) \\ = \underset{(s=k_1+k_2+\cdots+k_n)}{\langle X^{k_1}(t_1) \cdot X^{k_2}(t_2) \cdots X^{k_n}(t_n) \rangle}. \end{aligned} \tag{3.15}$$

Die Momentenfunktionen s-ter Ordnung werden also nur bequemlichkeitshalber eingeführt, um die beiden Gleichungen (3.14) und (3.15) zusammenfassen zu können.

3.5. Zerlegung der charakteristischen Funktion in eine Potenzreihe

Ein großer Vorteil der charakteristischen Funktion besteht in ihrer Zerlegbarkeit in eine Reihe, deren Zerlegungskoeffizienten gerade die gemischten Momente bzw. die Momentenfunktionen sind, die die statistische Kopplung zwischen den einzelnen Zufallsgrößen $X(t_i)$ und zwischen Gruppen von ihnen charakterisieren.

Wenn die n-dimensionale Wahrscheinlichkeitsdichte $p_n(x_1, \ldots, x_n; t_1, \ldots, t_n)$ mit wachsendem $|x_i| \to \infty$ nicht langsamer als exponentiell gegen Null strebt, dann kann die charakteristische Funktion (und ihr Logarithmus) in eine konvergierende MacLaurinsche Reihe zerlegt werden ([2, 15]):

$$h_n(p_1, \ldots, p_n; t_1, \ldots, t_n) = \sum_{k_1=0}^{\infty} \cdots \sum_{k_n=0}^{\infty} \frac{1}{k_1! k_2! \ldots k_n!} \left. \frac{\partial^{k_1+k_2+\cdots+k_n} h_n(p_1, \ldots, p_n; t_1, \ldots, t_n)}{\partial p_1^{k_1} \partial p_2^{k_2} \cdots \partial p_n^{k_n}} \right|_{p_i=0} p_1^{k_1} p_2^{k_2} \cdots p_n^{k_n} \tag{3.16}$$

bzw., wenn man die Summe nach gleichen Potenzen umordnet,

$$h_n(p_1, \ldots, p_n; t_1, \ldots, t_n) = \sum_{s=0}^{\infty} \frac{1}{s!} \sum_{r_1=1}^{n} \cdots \sum_{r_s=1}^{n} \left. \frac{\partial^s h_n(p_1, \ldots, p_n; t_1, \ldots, t_n)}{\partial p_{r_1} \partial p_{r_2} \cdots \partial p_{r_s}} \right|_{p_{r_i}=0} \times p_{r_1} p_{r_2} \cdots p_{r_s} \tag{3.17}$$

(da $\sum_{r_1=1}^{n} \cdots \sum_{r_s=1}^{n} \left. \frac{\partial^s h_n}{\partial p_{r_1} \cdots \partial p_{r_s}} \right|_{p_{r_i}=0} p_{r_1} \cdots p_{r_s}$

$$= \sum_{k_1+k_2+\cdots+k_n=s} \frac{s!}{k_1! k_2! \ldots k_n!} \left. \frac{\partial^s h_n}{\partial p_1^{k_1} \cdots \partial p_n^{k_n}} \right|_{p_i=0} p_1^{k_1} \cdots p_n^{k_n},$$

wobei $\sum\limits_{k_1+k_2+\cdots+k_n=s}$ die Summation über alle Kombinationen der k_i bedeutet, für die $k_1 + k_2 + \cdots + k_n = s$).

Unter Berücksichtigung von (3.13), (3.14) und (3.15) läßt sich die Reihenentwicklung (3.17) auf die allgemein gebräuchliche Form bringen,

$$h_n(p_1, \ldots, p_n; t_1, \ldots, t_n) = \sum_{s=0}^{\infty} \frac{1}{s!} \sum_{r_1=1}^{n} \cdots \sum_{r_s=1}^{n} m_s(t_{r_1}, \ldots, t_{r_s}) p_{r_1} \cdot p_{r_2} \cdots p_{r_s}, \tag{3.18}$$

die den Vorteil besitzt, daß die Zerlegungskoeffizienten $m_s(t_{r_1}, \ldots, t_{r_s})$ nicht mehr explizit von der Dimension n der charakteristischen Funktion abhängen. Auf Grund der Normierungsbedingung (3.5) wird

$$m_0 = 1. \tag{3.19}$$

Zur Bestimmung von $m_1(t_i)$ muß nach (3.11) nur die eindimensionale charakteristische Funktion herangezogen werden,

$$m_1(t_i) = \left.\frac{\partial h_1(p_i; t_i)}{\partial p_i}\right|_{p_i=0} = \langle X(t_i)\rangle, \qquad (3.20)$$

zur Bestimmung von $m_2(t_i, t_j)$ nur die zweidimensionale,

$$m_2(t_i, t_j) = \left.\frac{\partial^2 h_2(p_i, p_j; t_i, t_j)}{\partial p_i \partial p_j}\right|_{p_i=p_j=0} = \langle X(t_i) \cdot X(t_j)\rangle \qquad (3.21)$$

usw., während für $s > n$ nach (3.13) die n-dimensionale charakteristische Funktion ausreicht, um die höheren Momentenfunktionen $m_s(t_1, \ldots, t_1, \ldots, t_n, \ldots, t_n)$ zu errechnen.

3.6. Darstellung der charakteristischen Funktion mit Hilfe der zentralen Momente

Oft ist es bequemer, die charakteristische Funktion nicht nach den gemischten Momenten, sondern nach den gemischten zentralen Momenten zu zerlegen. Dazu kann man die Ausführungen des vorigen Abschnittes wortwörtlich übernehmen, wenn man vorher jedoch (3.8) mit $\exp[-p_1 m_1(t_1) - \cdots - p_n m_1(t_n)]$ multipliziert. Nach Differentiation dieses Ausdruckes und Nullsetzen aller p_i gilt dann

$$\langle X_0^{\nu_1}(t_1) \cdot X_0^{\nu_2}(t_2) \cdots X_0^{\nu_n}(t_n)\rangle$$

$$= \left.\frac{\partial^{\nu_1+\nu_2+\cdots+\nu_n}\left[e^{-\sum\limits_{i=1}^{n} p_i m_1(t_i)} \cdot h_n(p_1, \ldots, p_n; t_1, \ldots, t_n)\right]}{\partial p_1^{\nu_1}\, \partial p_2^{\nu_2} \cdots \partial p_n^{\nu_n}}\right|_{p_i=0}. \qquad (3.22)$$

Faßt man $e^{-\sum\limits_{i=1}^{n} p_i m_1(t_i)} \cdot h_n(p_1, \ldots, p_n;\ t_1, \ldots, t_n) = h_n'(p_1, \ldots, p_n; t_1, \ldots, t_n)$ als neue charakteristische Funktion auf — die charakteristische Funktion des zentrierten Zufallsprozesses —, so gewinnt man unter Einführung der zentralen Momentenfunktion

$$\mu_s(t_{r_1}, \ldots, t_{r_s}) = \left. \frac{\partial^s h_s'(p_{r_1}, \ldots, p_{r_s}; t_{r_1}, \ldots, t_{r_s})}{\partial p_{r_1} \partial p_{r_2} \cdots \partial p_{r_s}} \right|_{p_{r_i}=0}$$
$$= \langle X_0(t_{r_1}) \cdots X_0(t_{r_s}) \rangle \qquad (3.23)$$

eine zu (3.18) analoge Reihenentwicklung für h_n' bzw. nach Rückübergang zu h_n

$$h_n(p_1, \ldots, p_n; t_1, \ldots, t_n) = e^{\sum_{i=1}^{n} p_i m_1(t_i)} \sum_{s=0}^{\infty} \frac{1}{s!}$$
$$\sum_{r_1=1}^{n} \cdots \sum_{r_s=1}^{n} \mu_s(t_{r_1}, \ldots, t_{r_s}) \cdot p_{r_1} \cdot p_{r_2} \cdots p_{r_s} \qquad (3.24)$$

mit $\mu_0 = 1$ und $\mu_1(t_i) = 0$ sowie

$$\mu_s(\underbrace{t_1, \ldots, t_1}_{k_1-\text{mal}}; \underbrace{t_2, \ldots, t_2}_{k_2-\text{mal}}; \ldots; \underbrace{t_n, \ldots, t_n}_{k_n-\text{mal}})$$
$$= \langle X_0^{k_1}(t_1) \cdot X_0^{k_2}(t_2) \cdots X_0^{k_n}(t_n) \rangle .$$

Die zentralen Momente niedrigerer Ordnung als n-ter können natürlich wie auch die entsprechenden Momentenfunktionen mit Hilfe der niedererdimensionalen charakteristischen Funktion bestimmt werden.

3.7. Die verallgemeinerten Korrelationsfunktionen

Eine besonders wichtige Rolle spielen in der Theorie stochastischer Systeme die Korrelationsfunktionen, die sich, wie unten gezeigt wird, besonders gut zur Abschätzung der statistischen Abhängigkeiten zweier oder mehrerer Zufallsgrößen eignen.

Wir werden die verallgemeinerten Korrelationsfunktionen über die Zerlegung des Logarithmus der n-dimensionalen charakteristischen Funktion einführen.

Dazu bemerken wir, daß der $\ln h_n(p_1, \ldots, p_n; t_1, \ldots, t_n)$ ebenfalls der Symmetriebeziehung (3.7) wie auch der Bedingung (3.4) genügt:

$$\begin{aligned}&\ln h_n(p_1, \ldots, p_i, \ldots, p_j, \ldots, p_n;\ t_1, \ldots, t_i, \ldots, t_j, \ldots, t_n)\\ &= \ln h_n(p_1, \ldots, p_j, \ldots, p_i, \ldots, p_n;\ t_1, \ldots, t_j, \ldots, t_i, \ldots, t_n),\end{aligned} \tag{3.25}$$

$$\begin{aligned}&\ln h_n(p_1, \ldots, p_{i-1}, 0, p_{i+1}, \ldots, p_n;\ t_1, \ldots, t_{i-1}, t_i, t_{i+1}, \ldots, t_n)\\ &= \ln h_{n-1}(p_1, \ldots, p_{i-1}, p_{i+1}, \ldots, p_n;\ t_1, \ldots, t_{i-1}, t_{i+1}, \ldots, t_n).\end{aligned} \tag{3.26}$$

Außerdem gilt auf Grund der Normierungsbedingung (3.5)

$$\ln h_n(0, \ldots, 0;\ t_1, \ldots, t_n) = 0. \tag{3.27}$$

Die Symmetriebeziehung (3.25) und die Anschlußbedingung (3.26) waren aber die wesentlichen Bedingungen, die wir bei der Einführung der Momentenfunktionen und der Zerlegung der charakteristischen Funktionen in den vorigen Abschnitten benutzt hatten. Zerlegt man den Logarithmus der charakteristischen Funktion, der ja im Punkt $p_1 = p_2 = \cdots = p_n = 0$ unter den gleichen Bedingungen wie die charakteristische Funktion analytisch ist, in eine MacLaurinsche Reihe, führt die verallgemeinerten Korrelationsfunktionen analog zu (3.12) durch die Gleichung

$$k_s(t_{r_1}, \ldots, t_{r_s}) = \left.\frac{\partial^s \ln h_s(p_{r_1}, \ldots, p_{r_s};\ t_{r_1}, \ldots, t_{r_s})}{\partial p_{r_1}\, \partial p_{r_2} \cdots \partial p_{r_s}}\right|_{p_{r_i}=0} \tag{3.28}$$

ein, so erhält man für die Reihenentwicklung des Logarithmus der charakteristischen Funktion

$$\begin{aligned}&\ln h_n(p_1, \ldots, p_n;\ t_1, \ldots, t_n)\\ &= \sum_{s=0}^{\infty} \frac{1}{s!} \sum_{r_1=1}^{n} \cdots \sum_{r_s=1}^{n} k_s(t_{r_1}, \ldots, t_{r_s}) \cdot p_{r_1} \cdot p_{r_2} \cdots p_{r_s}.\end{aligned} \tag{3.29}$$

Die Korrelationsfunktionen genügen dabei wieder auf Grund von (3.25) und (3.26) den Gleichungen

$$k_s(t_{r_1}, \ldots, t_{r_i}, \ldots, t_{r_j}, \ldots, t_{r_s}) = k_s(t_{r_1}, \ldots, t_{r_j}, \ldots, t_{r_i}, \ldots, t_{r_s}), \tag{3.30}$$

$$k_s(\underbrace{t_1, \ldots, t_1}_{k_1-\text{mal}}; \ldots; \underbrace{t_n, \ldots, t_n}_{k_n-\text{mal}}) = \left. \frac{\partial^s \ln h_n(p_1, \ldots, p_n;\, t_1, \ldots, t_n)}{\partial p_1^{k_1}\, \partial p_2^{k_2} \cdots \partial p_n^{k_n}} \right|_{p_i=0}. \tag{3.31}$$

Außerdem wird unter Berücksichtigung von (3.27) $k_0 = 0$. Die Korrelationsfunktionen erster und zweiter Ordnung sind z. B.

$$k_1(t_i) = \left. \frac{\partial \ln h_1(p_i;\, t_i)}{\partial p_i} \right|_{p_i=0}, \tag{3.32}$$

$$k_2(t_i, t_j) = \left. \frac{\partial^2 \ln h_2(p_i, p_j;\, t_i, t_j)}{\partial p_i \partial p_j} \right|_{p_i=p_j=0}. \tag{3.33}$$

3.8. Zusammenhang zwischen Korrelations- und Momentenfunktionen

Wir wollen nun untersuchen, welche Informationen uns die verallgemeinerten Korrelationsfunktionen über die statistischen Eigenschaften einer Zufallsfunktion liefern.

Dazu stellen wir zuerst den Zusammenhang zwischen Korrelations- und Momentenfunktionen her. Nach (3.29) kann die charakteristische Funktion dargestellt werden durch

$$h_n(p_1, \ldots, p_n; t_1, \ldots, t_n) = \exp\left[\sum_{s=1}^{\infty} \frac{1}{s!} \sum_{r_1=1}^{n} \cdots \sum_{r_s=1}^{n} k_s(t_{r_1}, \ldots, t_{r_s}) p_{r_1} \cdot p_{r_2} \cdots p_{r_s}\right], \tag{3.34}$$

während die Zerlegung nach Momentenfunktionen gegeben ist durch (3.18)

$$h_n(p_1, \ldots, p_n; t_1, \ldots, t_n)$$
$$= 1 + \sum_{s=1}^{\infty} \frac{1}{s!} \sum_{r_1=1}^{n} \cdots \sum_{r_s=1}^{n} m_s(t_{r_1}, \ldots, t_{r_s}) \cdot p_{r_1} \cdot p_{r_2} \cdots p_{r_s}. \quad (3.35)$$

Wir benutzen die Reihenentwicklung einer Exponentialfunktion

$$h_n(p_1, \ldots, p_n; t_1, \ldots, t_n) = 1$$
$$+ \sum_{l=1}^{\infty} \frac{1}{l!} \left[\sum_{s=1}^{\infty} \frac{1}{s!} \sum_{r_1=1}^{n} \cdots \sum_{r_s=1}^{n} k_s(t_{r_1}, \ldots, t_{r_s}) \, p_{r_1} \cdot p_{r_2} \cdots p_{r_s} \right]^l \quad (3.36)$$

und können durch Vergleich der Koeffizienten bei gleichen Potenzen $p_1^{l_1}, \ldots, p_n^{l_n}$ den gesuchten Zusammenhang zwischen Korrelations- und Momentenfunktionen herstellen.

Zuerst bestimmt man bei $n = 1$ die Korrelationsfunktion erster Ordnung $k_1(t_1)$, dann für $n = 2$ entsprechend $k_2(t_1, t_2)$ usw.:

$$\begin{aligned}
k_1(t_1) &= m_1(t_1), \\
k_2(t_1, t_2) &= m_2(t_1, t_2) - m_1(t_1) \cdot m_2(t_2), \\
k_3(t_1, t_2, t_3) &= m_3(t_1, t_2, t_3) - m_2(t_1)\, k_2(t_2, t_3) \\
&\quad - m_1(t_2)\, k_2(t_1, t_3) - m_1(t_3)\, k_2(t_1, t_2) \\
&\quad - m_1(t_1)\, m_1(t_2)\, m_2(t_3), \\
k_4(t_1, t_2, t_3, t_4) &= m_4(t_1, t_2, t_3, t_4) - m_1(t_1)\, k_3(t_2, t_3, t_4) \\
&\quad - m_1(t_2)\, k_3(t_1, t_3, t_4) - m_1(t_3)\, k_3(t_1, t_2, t_4) \\
&\quad - m_1(t_4)\, k_3(t_1, t_2, t_3) - k_2(t_1, t_2)\, k_2(t_3, t_4) \\
&\quad - k_2(t_1, t_3)\, k_2(t_2, t_4) - k_2(t_1, t_4)\, k_2(t_2, t_3) \\
&\quad - m_1(t_1) m_1(t_2)\, k_2(t_3, t_4) - m_1(t_1) m_1(t_3)\, k_2(t_2, t_4) \\
&\quad - m_1(t_1)\, m_1(t_4)\, k_2(t_2, t_3) \\
&\quad - m_1(t_2)\, m_1(t_3)\, k_2(t_1, t_4) \\
&\quad - m_1(t_2)\, m_1(t_4)\, k_2(t_1, t_3) \\
&\quad - m_1(t_3)\, m_1(t_4)\, k_2(t_1, t_2) \\
&\quad - m_1(t_1) \cdot m_1(t_2) \cdot m_1(t_3) \cdot m_1(t_4). \qquad (3.37)
\end{aligned}$$

Unter Verwendung der zentralen Momentenfunktion vereinfachen sich die Ausdrücke für die ersten 4 Korrelationsfunktionen wesentlich:

$$\begin{aligned}
&k_1(t_1) = m_1(t_1)\,,\\
&k_2(t_2, t_2) = \mu_2(t_1, t_2)\,,\\
&k_3(t_1, t_2, t_3) = \mu_3(t_1, t_2, t_3)\,,\\
&k_4(t_1, t_2, t_3, t_4) = \mu_4(t_1, t_2, t_3, t_4) - \mu_2(t_1, t_2)\,\mu_2(t_3, t_4)\\
&\qquad - \mu_2(t_1, t_3)\,\mu_2(t_2, t_4) - \mu_2(t_1, t_4)\,\mu_2(t_2, t_3)\,.
\end{aligned} \tag{3.38}$$

Die Korrelationsfunktion erster Ordnung ist mit dem Mittelwert identisch, während die Korrelationsfunktionen zweiter und dritter Ordnung mit den zentralen Momenten zweiter und dritter Ordnung übereinstimmen.

Die Formeln (3.37) sollen uns nun zur Erläuterung des Informationsgehaltes der verallgemeinerten Korrelationsfunktionen dienen.

3.9. Über den Informationsgehalt der verallgemeinerten Korrelationsfunktionen

Die statistische Verkopplung zweier Zufallsgrößen, die wie hier der Fall, Abtastwerte eines Zufallsprozesses sein können, wird durch das zweite gemischte Moment $m_2(t_1, t_2) = \langle X(t_1) \cdot X(t_2) \rangle$ charakterisiert, wobei jedoch $m_2(t_1, t_2)$ Informationen über die Mittelwerte $m_1(t_1) = \langle X(t_1) \rangle$ und $m_1(t_2) = \langle X(t_2) \rangle$ enthält. Tatsächlich verschwindet $m_2(t_1, t_2)$ nicht, wenn die beiden Zufallsgrößen statistisch voneinander unabhängig werden, sondern wird gleich $m_1(t_1) \cdot m_1(t_2)$, (s. (2.36)).

Um nun Größen zur Verfügung zu haben, die die statistische Kopplung zwischen den Zufallsgrößen beschreiben, bei statistischer Unabhängigkeit jedoch Null werden, muß man von $m_2(t_1, t_2)$ das Produkt $m_1(t_1) \cdot m_1(t_2)$ abziehen. Man erhält dann genau die Korrelationsfunktion zweiter Ordnung $k_2(t_1, t_2)$ oder gewöhnliche Korrelationsfunktion (zweite Formel in (3.37)).

Wir wollen jetzt die statistische Kopplung zwischen drei Zufallsgrößen erfassen, wobei bei statistischer Unabhängigkeit einer dieser Größen von den beiden anderen oder Unabhängigkeit aller drei Größen voneinander die Beschreibungsgröße für die statistische Dreifachverkopplung verschwinden soll. Dazu müssen wir offensichtlich von $m_3(t_1, t_2, t_3)$ sowohl alle $m_1(t_i) \cdot k_2(t_j, t_k)$ mit $t_i \neq t_j \neq t_k$ $(i, j, k = 1, 2, 3)$ als auch $m_1(t_1) \cdot m_1(t_2) \cdot m_1(t_3)$ abziehen. Ein Vergleich mit (3.37) zeigt, daß die Beschreibungsgröße genau gleich der Korrelationsfunktion dritter Ordnung ist.

Ganz analog sieht man, daß im Fall von vier Zufallsgrößen bei statistischer Unabhängigkeit wenigstens einer von den übrigen dreien die Korrelationsfunktion vierter Ordnung verschwindet. Ist z. B. $X(t_4)$ unabhängig von $X(t_3)$, $X(t_2)$ und $X(t_1)$ so ist $m_4(t_1, t_2, t_3, t_4) = m_1(t_4) \cdot m_3(t_1, t_2, t_3)$ und $k_3(t_i, t_j, t_4) = k_2(t_i, t_4) = 0$ $(i \neq j \neq 4)$. Bei Verwendung der dritten Formel von (3.37) für $k_3(t_1, t_2, t_3)$ wird $k_4(t_1, t_2, t_3, t_4)$ in diesem Falle identisch Null. Für Korrelationsfunktionen höherer Ordnung läßt sich genauso nachweisen, daß bei Unabhängigkeit wenigstens einer Zufallsgröße $X(t_i)$ von den anderen die Korrelationsfunktionen zu diesen Zeitmomenten verschwinden.

Wenn die Korrelationsfunktion zweiter Ordnung $k_2\,(t_1, t_2)$ zu bestimmten Zeitpunkten t_1 und t_2 Null wird, dann sind die entsprechenden Zufallsgrößen $X(t_1)$ und $X(t_2)$ unkorreliert. Wir hatten gesehen, daß die statistische Unabhängigkeit der beiden Zufallsgrößen $X(t_1)$ und $X(t_2)$ ihre Unkorreliertheit nach sich zieht. Jedoch folgt umgekehrt aus der Unkorreliertheit zweier Zufallsgrößen nicht ihre statistische Unabhängigkeit, da die Korrelationsfunktionen höherer Ordnung $k_{\nu_1+\nu_2}(\underbrace{t_1, \ldots, t_1}_{\nu_1-\text{mal}}; \underbrace{t_2, \ldots, t_2}_{\nu_2-\text{mal}})$ durchaus von Null verschieden sein können. Erst wenn alle Korrelationen höherer Ordnung ebenfalls verschwinden, werden die Zufallsgrößen $X(t_1)$ und $X(t_2)$ statistisch unabhängig.

Die Korrelationsfunktion zweiter Ordnung geht in eine Deltafunktion über, wenn für beliebig kleine ε und $|t_2 - t_1| < \varepsilon$ die beiden Zufallsgrößen unkorreliert sind, ihre Dispersion jedoch unendlich groß wird:

$$k_2(t_2, t_2) = r(t_1)\,\delta(t_2 - t_1). \tag{3.39}$$

Physikalisch kann ein derartiger Prozeß nicht existieren, da er Träger einer im Mittel unendlichen Momentanleistung $\langle X_0^2(t)\rangle$ wäre. Er stellt jedoch eine bequeme mathematische Abstraktion dar, da sich reale Zufallsprozesse in der Praxis häufig durch diesen sogenannten „weißen Rauschprozeß" approximieren lassen. Wir werden auf die Bezeichnung „weißes Rauschen" in Kapitel 5 noch näher eingehen.

3.10. Gemischte Momente und Korrelationskoeffizienten von Zufallsvektoren

Weder die Momenten- noch die Korrelationsfunktionen müssen mit der Vorstellung eines Zeitprozesses verbunden werden. Man kann ebenso einen Zufallsvektor $\boldsymbol{X}$ (oder mehrere) betrachten, dessen Komponenten $X_i (i = 1, 2, \ldots, n)$ statistisch miteinander verkoppelte Zufallsgrößen darstellen, und die gemischten Momente und Korrelationskoeffizienten wie oben einführen, indem man an Stelle der Argumente t_i Indizes schreibt:

$$m_s(t_{r_1}, \ldots, t_{r_s}) \to m_{s;r_1;r_2;\ldots;r_s} = \langle X_{r_1} \cdot X_{r_2} \cdots X_{r_s}\rangle,$$
$$k_s(t_{r_2}, \ldots, t_{r_s}) \to k_{s;r_1;r_2;\ldots;r_s}.$$

Die n-dimensionale charakteristische Funktion des Zufallsvektors $\boldsymbol{X}$, die den Zufallscharakter aller n Vektorkomponenten und ihre statistischen Verkopplungen vollständig erfaßt, wird z. B. dabei nach (3.34) gleich

$$h_n(p_1, \ldots, p_n)$$
$$= \exp\left[\sum_{s=1}^{\infty} \frac{1}{s!} \sum_{r_1=1}^{n} \cdots \sum_{r_s=1}^{n} k_{s;r_1;r_2;\ldots;r_s} \cdot p_{r_1} \cdot p_{r_2} \cdots p_{r_s}. \tag{3.40}\right.$$

3.11. Zerlegung der eindimensionalen charakteristischen Funktion

Für $n = 1$ werden die Korrelationsfunktionen $\underbrace{k_s(t_1, \ldots, t_1)}_{s-\text{mal}}$ einfach mit $k_s(t_1)$ bezeichnet. Man spricht dann nicht mehr von Korrelationsfunktionen, sondern von Kumulanten oder Semiinvarianten. $k_s(t)$ ist dann die s-te Kumulante und drückt die s-fache Korrelation der Zufallsgröße $X(t)$ mit sich selbst aus.

Die charakteristische Funktion nimmt für $n = 1$ folgendes Aussehen an:

$$h_1(p_1; t_1) = e^{\sum_{s=1}^{\infty} \frac{1}{s!} k_s(t_1) \cdot p_1^s} = 1 + \sum_{s=1}^{\infty} \frac{1}{s!} m_s(t_1) p_1^s, \tag{3.41}$$

wobei $m_s(t_1)$ entsprechend das s-te Moment ist ($m_s(t_1) = \langle X^s(t_1) \rangle$).

Die erste Kumulante ist der Mittelwert, die zweite Kumulante $k_2(t_1)$ die quadratische Streuung oder Dispersion $k_2(t) = \sigma^2(t)$ (σ — ist die sogenannte Standardabweichung), während

$$\gamma_3(t) = \frac{k_3(t)}{\sigma^3(t)} \tag{3.42}$$

und

$$\gamma_4(t) = \frac{k_4(t)}{\sigma^4(t)} \tag{3.43}$$

als Asymmetrie- und Exzeßkoeffizienten bekannt sind.

3.12. Korrelationsfunktionen einer komplexen Zufallsfunktion

Mitunter ist es bequemer, komplexe Zufallsfunktionen einzuführen, um z. B. auf die vertrauten Vorstellungen komplexer Amplituden zurückgreifen zu können. Wir werden deshalb kurz auf die Korrelationsfunktionen eines komplexen Zufallsprozesses eingehen, wobei es uns besonders darauf ankommt, den Unterschied zwischen der in der Korrelationsanalyse verwendeten komplexen Korrelationsfunktion zweiter Ordnung und den Auto- und Kreuzkorrelationsfunktionen reeller Zufallsprozesse zu betonen.

Die $(n+m)$-dimensionale Wahrscheinlichkeitsdichte der Abtastwerte $X(t_1), \ldots, X(t_n)$ und $Y(t_1'), \ldots, Y(t_m')$ der komplexen Zufallsfunktion $Z(t)$,

$$Z(t) = X(t) + iY(t), \tag{3.44}$$

werde mit $p_{n+m}(x_1, \ldots, x_n; t_1, \ldots, t_n; y_1, \ldots, y_m; t_1', \ldots, t_m')$ bezeichnet.

Der reelle Prozeß

$$Z_r(t) = X(t) + Y(t) \tag{3.45}$$

besitzt die gleiche Wahrscheinlichkeitsdichtefunktion. Der Allgemeinheit halber wurde hier zugelassen, daß $X(t)$ und $Y(t)$ zu verschiedenen Zeitpunkten abgetastet werden.

Die charakteristische Funktion beider Prozesse

$$\langle e^{p_1X(t_1)+\cdots+p_nX(t_n)+p_1'Y(t_1')+\cdots+p_m'Y(t_m')}\rangle$$

$$= h_{n+m}(p_1, \ldots, p_n; t_1, \ldots, t_n; p_1', \ldots, p_m'; t_2', \ldots, t_m') \tag{3.46}$$

kann nach (3.34) zerlegt werden,

$$\ln h_{n+m} = \sum_{s=1}^{\infty} \frac{1}{s!} \sum_{r_1=1}^{n+m} \cdots \sum_{r_s=1}^{n+m} k_s(\tau_{r_1}, \ldots, \tau_{r_s})\, u_{r_1} \cdot u_{r_2} \cdots u_{r_s}, \tag{3.47}$$

wobei

$$\tau_{r_i} = t_{r_i}; \quad u_{r_i} = p_{r_i} \quad \text{für} \quad r_i \leqq n,$$

$$\tau_{r_i} = t'_{r_i-n}; \quad u_{r_i} = p'_{r_i-n} \quad \text{für} \quad n < r_i \leqq (n+m).$$

Man muß jetzt sorgfältig zwischen Korrelationsfunktionen unterscheiden, die nur von t_{r_i} bzw. nur von t'_{r_i-n} abhängen — den Autokorrelationsfunktionen höherer

Ordnung von $X(t)$ bzw. $Y(t)$ —, und solchen, die sowohl von t_{r_i} und t'_{r_i-n} abhängen — den Kreuzkorrelationsfunktionen.

Zur Unterscheidung werden wir für die Autokorrelationsfunktionen die Bezeichnungen

$$k_s(t_1, \ldots, t_s) = k_{s;x}(t_1, \ldots, t_s),$$
$$k_s(t_1', \ldots, t_s') = k_{s;y}(t_1', \ldots, t_s') \tag{3.48}$$

und für die Kreuzkorrelationsfunktionen die Schreibweise

$$k_s(t_1, \ldots, t_{s-k}, t_1', \ldots, t_k') = k_{s;x;y}(t_1, \ldots, t_{s-k}, t_1', \ldots, t_k') \tag{3.49}$$

verwenden, wobei natürlich auf Grund von (3.28)

$$k_{s_1+s_2}(\underbrace{t_1, \ldots, t_1}_{\nu_1-\text{mal}}; \ldots; \underbrace{t_n, \ldots, t_n}_{\nu_n-\text{mal}}: \underbrace{t_1', \ldots, t_1'}_{\mu_1-\text{mal}}; \ldots; \underbrace{t_m', \ldots, t_m'}_{\mu_m-\text{mal}})$$
$$= \frac{\partial^{s_1+s_2} \ln h_{n+m}(p_1, \ldots, p_n; t_1, \ldots, t_n; p_1', \ldots, p_m'; t_1', \ldots, t_m')}{\partial p_1^{\nu_1} \ldots \partial p_n^{\nu_n} \partial p_1'^{\mu_1} \ldots \partial p_m'^{\mu_m}}\Bigg|_{p_i = p_j' = 0}. \tag{3.50}$$

Die hier eingeführten Korrelationsfunktionen sind alle reell und stellen echte Zerlegungskoeffizienten des Logarithmus der $(n + m)$-dimensionalen charakteristischen Funktion der Prozesse (3.44) oder (3.45) dar.

Im Unterschied dazu werden in der Korrelationstheorie die ersten beiden Korrelationskoeffizienten des komplexen Zufallsprozesses (3.44) als komplexe Funktionen eingeführt:

$$k_1^{(k)}(t) = \langle Z(t) \rangle = \langle X(t) \rangle + i \langle Y(t) \rangle, \tag{3.51}$$

$$k_2^{(k)}(t_1, t_2) = \langle Z_0(t_1) Z_0^*(t_2) \rangle = \langle X_0(t_1) X_0(t_2) \rangle + \langle Y_0(t_1) Y_0(t_2) \rangle$$
$$+ i[\langle X_0(t_2) Y_0(t_1) \rangle - \langle X_0(t_1) Y_0(t_2) \rangle]. \tag{3.52}$$

Der Stern bedeutet komplexe Konjugation.

Ein Vergleich mit den reellen Korrelationsfunktionen zeigt, daß

$$k_1^{(k)}(t) = k_{1x}(t) + i k_{1y}(t), \tag{3.53}$$

$$\begin{aligned} k_2^{(k)}(t_1, t_2) &= k_{2,x}(t_1, t_2) + k_{2y}(t_1, t_2) \\ &+ i\,[k_{2x;y}(t_2, t_1) - k_{2x;y}(t_1, t_2)], \end{aligned} \tag{3.54}$$

wobei die für Kreuzkorrelationsfunktionen geltende Beziehung

$$k_{2x,y}(t_1, t_2) \neq k_{2x,y}(t_2, t_1) \tag{3.55}$$

bzw. mit den alten Bezeichnungen

$$k_2(t_1, t_2') \neq k_2(t_1', t_2) \tag{3.56}$$

berücksichtigt werden muß. Aus (3.52) folgt lediglich

$$[k_2^{(k)}(t_1, t_2)]^* = k_2^{(k)}(t_2, t_1). \tag{3.57}$$

Die Verwendung der komplexen Korrelationsfunktionen hat den Vorteil, daß im Rahmen der Korrelationsanalyse einheitliche Bezeichnungen für die Korrelationsfunktionen erster und zweiter Ordnung komplexer und reeller Zufallsfunktionen zur Verfügung stehen.

Eine organische Verallgemeinerung auf komplexe Korrelationsfunktionen höherer Ordnung läßt sich nicht eindeutig durchführen, deshalb wird auf die reellen Korrelationsfunktionen zurückgegriffen, sobald Korrelationen höherer Ordnung berücksichtigt werden müssen.

4. Lineare Operationen mit Zufallsprozessen

Bei der Behandlung stochastischer Systeme werden die Zufallsfunktionen linearen und nichtlinearen Operationen unterworfen, die natürlich entsprechend definiert sein müssen. In diesem Abschnitt sollen deshalb die grundlegenden linearen Operationen mit Zufallsfunktionen, wie Differentiation und Integration, ins Gedächtnis zurückgerufen werden. Dazu benötigen wir einige Definitionen von Grenzübergängen, die mit Folgen von Wahrscheinlichkeitsgrößen durchgeführt werden.

4.1. Konvergenz einer Folge von Zufallsgrößen

Im Unterschied zur Konvergenz einer Folge determinierter Größen existieren in der Wahrscheinlichkeitstheorie mehrere, auf den Zufallscharakter zugeschnittene Konvergenzdefinitionen, von denen wir nur die beiden wichtigsten benötigen.

Betrachten wir eine Folge von Zufallsgrößen $X_1, X_2, \ldots, X_n$.

Der gewöhnlichen Konvergenz determinierter Zahlenfolgen kommt die Konvergenz im quadratischen Mittel einer Folge von Zufallsgrößen am nächsten. Man sagt, daß die Folge von Zufallsgrößen $X_1, X_2, \ldots, X_n$ im quadratischen Mittel gegen die Zufallsgröße X konvergiert, wenn

$$\lim_{n\to\infty} \langle (X_n - X)^2 \rangle = \lim_{n\to\infty} \int\!\!\int_{-\infty}^{\infty} (x_n - x)^2 \, p_2^{(n)}(x, x_n) \, \mathrm{d}x \, \mathrm{d}x_n = 0, \tag{4.1}$$

und schreibt dafür

$$X = \underset{n\to\infty}{\mathrm{l.i.m.}} X_n \tag{4.2}$$

(l.i.m. bedeutet limit in mean).

Für determinierte Größen ist diese Konvergenzdefinition mit $p_2^{(n)}(x, x_n) = \delta(x_n - X_n)\,\delta(x - X)$ der gewöhnlichen Konvergenz äquivalent. Wichtig ist die sogenannte stochastische Konvergenz, die darin besteht, daß die Folge $X_1, \ldots, X_n, \ldots$ stochastisch gegen X konvergiert, wenn für ein beliebiges $\varepsilon > 0$

$$\lim_{n\to\infty} P[|X - X_n| \geqq \varepsilon] = 0. \tag{4.3}$$

Die Wahrscheinlichkeitsverteilungen $p_1^{(i)}(x_i)$ streben dabei für $n \to \infty$ im gewöhnlichen Sinne in allen Stetigkeitspunkten gegen $p_1(x)$ [4]. (4.3) bedeutet natürlich nicht, daß X_n im gewöhnlichen Sinne gegen X strebt, lediglich wird die Wahrscheinlichkeit des Ereignisses $|X_n - X| \geqq \varepsilon$ für $n \to \infty$ gegen Null streben.

Die Konvergenz im quadratischen Mittel zieht die stochastische Konvergenz nach sich, da für eine beliebige Zufallsgröße U

$$P[|U| \geqq \varepsilon] = \int\limits_{|u| \geqq \varepsilon} p_2(u) \mathrm{d}u \leqq \frac{1}{\varepsilon^2} \int\limits_{|u| \geqq \varepsilon} u^2 \cdot p_1(u) \mathrm{d}u$$

und nach Erweiterung des Integrationsbereiches

$$P[|U| \geqq \varepsilon] \leqq \frac{1}{\varepsilon^2} \int\limits_{-\infty}^{\infty} u^2 p_1(u) \, \mathrm{d}u = \frac{\langle u^2 \rangle}{\varepsilon^2}$$

(TSCHEBYSCHEFFsche Ungleichung) (4.4)

Setzt man $U = X_n - X$, so ergibt sich die mathematische Formulierung der eben getroffenen Aussage

$$P[|X_n - X| \geqq \varepsilon] \leqq \frac{1}{\varepsilon^2} \langle (X_n - X)^2 \rangle.$$

Wenn nicht anders betont, werden wir im weiteren immer unter der Konvergenz von Zufallsfolgen die Konvergenz im quadratischen Mittel verstehen.

4.2. Stetigkeit von Zufallsprozessen

Wir können nun mit Hilfe einer der beiden angeführten Konvergenzdefinitionen die Stetigkeit eines Zufallsprozesses $X(t)$ definieren. Die Korrelationsfunktion dieses Prozesses sei $k_{2;x}(t, t')$.

Der Zufallsprozeß $X(t)$ ist im Punkt t stetig im quadratischen Mittel, wenn

$$\lim_{\Delta t \to 0} \langle [X(t + \Delta t) - X(t)]^2 \rangle = 0. \tag{4.5}$$

Betrachten wir die Zufallsgröße $Z_{\Delta t}(t) = X(t + \Delta t) - X(t)$. Der Mittelwert von $Z_{\Delta t}(t)$ ist gleich

$$\langle Z_{\Delta t}(t) \rangle = \langle X(t + \Delta t) \rangle - \langle X(t) \rangle = m_1(t + \Delta t) - m_1(t).$$

Die quadratische Streuung $\langle Z_{\Delta t}^2(t) \rangle$ läßt sich mit Hilfe der Korrelationsfunktionen des Zufallsprozesses $X(t)$ ausdrücken:

$$\langle Z_{\Delta t}^2(t) \rangle = k_{2;x}(t + \Delta t, t + \Delta t) - 2k_{2;x}(t + \Delta t, t) + k_{2;x}(t, t) + [m_1(t + \Delta t) - m_1(t)]^2. \tag{4.6}$$

Für die Stetigkeit des Prozesses $X(t)$ im Punkt t ist also nach (4.5) und (4.6) die Stetigkeit der Korrelationsfunktionen $k_{2;x}(t_1, t_2)$ und der Mittelwerte $m_1(t_1)$ im Punkt $t_2 = t_1 = t$ notwendig und hinreichend.

4.3. Differenzierbarkeit von Zufallsprozessen

Der Zufallsprozeß $X(t)$ ist im Punkt t differenzierbar im quadratischen Mittel, wenn eine Zufallsfunktion $X'(t)$ im Punkt t existiert, die der Beziehung

$$\lim_{\Delta t \to 0} \left\langle \left[\frac{X(t + \Delta t) - X(t)}{\Delta t} - X'(t) \right]^2 \right\rangle = 0 \tag{4.7}$$

genügt. Die Funktion

$$X'(t) = \underset{\Delta t \to 0}{\text{l.i.m.}} \frac{X(t + \Delta t) - X(t)}{\Delta t} \tag{4.8}$$

wird als Ableitung (im quadratischen Mittel) des Zufallsprozesses $X(t)$ bezeichnet.

Der Mittelwert der Ableitung $X'(t)$, sofern diese existiert, wird gegeben durch

$$\langle X'(t)\rangle = \lim_{\Delta t\to 0} \frac{\langle X(t+\Delta t) - X(t)\rangle}{\Delta t} = \frac{\mathrm{d}m_1(t)}{\mathrm{d}t} = m_1'(t). \quad (4.9)$$

Die Korrelationsfunktion $k_{2;x}(t_1, t_2)$ der Ableitung läßt sich mit Hilfe der Differenzfunktion $Z_{\Delta t}(t) = X(t+\Delta t) - X(t)$ einfach errechnen,

$$k_{2;x'}(t_1, t_2) = \lim_{\Delta t\to 0} \left\langle \frac{Z_{0,\Delta t}(t_1) Z_{0,\Delta t}(t_2)}{\Delta t^2} \right\rangle, \quad (4.10)$$

wobei $Z_{0,\Delta t}(t)$ die zentrierte Differenzfunktion darstellt. Man erhält

$$k_{2;x'}(t_1, t_2) = \lim_{\Delta t\to 0} \frac{1}{\Delta t^2} [k_{2;x}(t_1+\Delta t, t_2+\Delta t)$$
$$- k_{2;x}(t_1+\Delta t, t_2) - k_2(t_1, t_2+\Delta t) + k_{2;x}(t_1, t_2)] \quad (4.11)$$

oder, wenn man $k_{2;x}(t_1+\Delta t, t_2+\Delta t)$, $k_{2;x}(t_1+\Delta t, t_2)$ und $k_{2;x}(t_1, t_2+\Delta t)$ in TAYLOR-Reihen um t_1 und t_2 zerlegt und nur die Glieder bis Δt^2 berücksichtigt,

$$k_{2;x'}(t_1, t_2) = \frac{\partial^2 k_{2;x}(t_1, t_2)}{\partial t_1\, \partial t_2}. \quad (4.12)$$

Die Kreuzkorrelationsfunktion $k_{2;x;x'}(t_1, t_2)$, die die Kopplung zwischen $X(t_1)$ und $X'(t_2)$ charakterisiert, ist dann

$$k_{2;x;x'}(t_1, t_2) = \lim_{\Delta t\to 0} \left\langle X_0(t_1) \cdot \frac{X_0(t_2+\Delta t) - X_0(t_2)}{\Delta t} \right\rangle \quad (4.13)$$

bzw.

$$k_{2;x;x'}(t_1, t_2) = \frac{\partial k_{2x}(t_1, t_2)}{\partial t_2}. \quad (4.14)$$

Bei Substitution von (4.9), (4.12) und (4.14) in (4.7) erkennt man, daß die Stetigkeit der Ableitungen

$\dfrac{\partial^2 k_{2;x}(t_1, t_2)}{\partial t_1\, \partial t_2}$ sowie $\dfrac{\mathrm{d}m_1(t_1)}{\mathrm{d}t_1}$ im Punkt $t_1 = t_2 = t$ notwendige und hinreichende Bedingung für die Existenz der Ableitung $X'(t)$ im Punkt t darstellt.

4.4. Integration von Zufallsprozessen

Wenn der Zufallsprozeß $Y_n(t)$

$$Y_n(t) = \sum_{l=1}^{n} \alpha\,(t;\tau_l)\, X(\tau_l)\, (\tau_l - \tau_{l-1}) \tag{4.15}$$

im quadratischen Mittel für $\Delta\tau = \tau_l - \tau_{l-1} \to 0$ gegen $Y(t)$ konvergiert, so wird $Y(t)$ als Zufallsprozeß bezeichnet, der durch Integration von $X(t)$ mit der Gewichtsfunktion $\alpha(t;\tau)$ erzeugt wird:

$$Y(t) = \int_{\tau_0}^{\tau_0+T} \alpha(t;\tau)\, X(\tau)\, \mathrm{d}\tau. \tag{4.16}$$

Der Mittelwert $\langle Y(t)\rangle$ ist dann gleich

$$\langle Y(t)\rangle = \int_{\tau_0}^{\tau_0+T} \alpha\,(t;\tau)\cdot m_1(\tau)\, \mathrm{d}\tau. \tag{4.17}$$

Die Korrelationsfunktion $k_{2;y_n}(t_1, t_2) = \langle Y_{0,n}(t_1)\, Y_{0,n}(t_2)\rangle$,

$$k_{2;y_n}(t_1, t_2) = \Big\langle \sum_{l_1=1}^{n} \sum_{l_2=1}^{n} \alpha(t_1;\tau_{l_1})\, \alpha(t_2;\tau_{l_2})\, X_0(\tau_{l_1})\, X_0(\tau_{l_2}) \times (\tau_{l_1} - \tau_{l_1-1})\, (\tau_{l_2} - \tau_{l_2-1})\Big\rangle, \tag{4.18}$$

geht für $n \to \infty$ und $\Delta\tau \to 0$ in die Korrelationsfunktion $k_{2;y}(t_1, t_2)$ des Prozesses $Y(t)$ über:

$$k_{2;y}(t_1, t_2) = \int_{\tau_0}^{\tau_0+T} \int_{\tau_0}^{\tau_0+T} \alpha(t_1;\tau)\, \alpha(t_2;\tau')\, k_{2;x}(\tau, \tau')\, \mathrm{d}\tau\, \mathrm{d}\tau'. \tag{4.19}$$

Die Konvergenz der Integrale $\int\limits_{\tau_0}^{\tau_0+T} \alpha(t;\tau)\, m_1(\tau) d\tau$ und $\int\limits_{\tau_0}^{\tau_0+T}\int\limits_{\tau_0}^{\tau_0+T} \alpha(t_1;\tau)\,\alpha(t_2;\tau')\,k_{2;x}(\tau,\tau')\,d\tau\,d\tau'$ im gewöhnlichen Sinne ist notwendige und hinreichende Bedingung für die Existenz des Integrals (4.16) im quadratischen Mittel.

Die diskutierten analytischen Grundoperationen lassen sich auf Mehrfachdifferentiationen, Mehrfachintegrale usw. erweitern, so daß wir in der Lage sind, beliebige lineare Operatoren, die auf Zufallsfunktionen einwirken, zu definieren und die entsprechenden Konvergenzbedingungen abzuleiten.

Wenn nicht anders betont, werden wir bei der Durchführung linearer Operationen immer voraussetzen, daß die entsprechenden Bedingungen für die Konvergenz im quadratischen Mittel erfüllt sind.

5. Stationäre Prozesse

Bis jetzt wurden Zufallsprozesse betrachtet, deren statistische Eigenschaften beliebige Zeitabhängigkeiten aufweisen können. Für viele stochastische Prozesse ist aber die zeitliche Unveränderlichkeit der statistischen Beschreibungsgrößen charakteristisch. So wird z. B. das thermische Rauschen eines Widerstandes in 10 Jahren die gleichen statistischen Eigenschaften besitzen wie heute (natürlich unter gleichen Versuchsbedingungen wie gleicher Temperatur usw.). Derartige Prozesse werden als stationäre Prozesse bezeichnet.

Die n-dimensionale Wahrscheinlichkeitsdichte $p_n(x_1, \ldots, x_n; t_1, \ldots, t_n)$ eines stationären Prozesses ist invariant gegenüber Verschiebungen der Zeitachse $t' = t + \theta$:

$$p_n(x_1, \ldots, x_n; t_1, \ldots, t_n) = p_n(x_1, \ldots, x_n; t_1 + \theta, \ldots, t_n + \theta). \tag{5.1}$$

Das gleiche gilt nach (3.6) für die charakteristische Funktion und die daraus abgeleiteten Momenten- und Korrelationsfunktionen, die damit nicht mehr vom Anfangszeitmoment abhängen.

In der Tat, setzt man $\theta = -t_1$, so gilt

$$p_n(x_1, \ldots, x_n; t_1, \ldots, t_n) = p_n(x_1, \ldots, x_n; 0; t_2 - t_1, \ldots, t_n - t_1). \tag{5.2}$$

Die statistischen Beschreibungsgrößen stationärer Prozesse werden also nicht mehr von den Absolutzeiten, sondern nur von Zeitdifferenzen bestimmt.

Entsprechend sind

$$\begin{aligned} k_1(t) &= m_1(t) = m = \text{const}, \\ k_2(t_1, t_2) &= k_2(t_2, t_1) = k_2'(t_2 - t_1) = k_2'(t_1 - t_2), \\ k_3(t_1, t_2, t_3) &= k_3'(t_2 - t_1, t_3 - t_1) = k_3'(t_1 - t_2, t_3 - t_2) \\ &= k_3'(t_1 - t_3, t_2 - t_3) \end{aligned} \tag{5.3}$$

usw. bzw. mit $\tau_{i-1} = t_i - t_1$

$$\begin{aligned} k_2(t_1, t_2) &= k_2'(\tau_1) = k_2'(-\tau_1), \\ k_3(t_1, t_2, t_3) &= k_3'(\tau_1, \tau_2) = k_3'(-\tau_1, \tau_2 - \tau_1) \\ &= k_3'(-\tau_2, \tau_1 - \tau_2) \end{aligned} \tag{5.4}$$

usw.[1])

Auf den ersten Blick erscheint die mit der Stationarität eines Zufallsprozesses verbundene Folgerung, daß der Mittelwert dieses Prozesses $k_1(t_1)$ konstant sei, stark einschränkend. Betrachtet man jedoch an Stelle des Zufallsprozesses $X(t)$ den zentrierten Prozeß $X_0(t) = X(t) - \langle X(t) \rangle$, so kann die Forderung nach zeitunabhängigem Mittelwert umgangen werden.

[1]) Im weiteren werden wir bei $k_s'(t_2 - t_1, \ldots, t_s - t_1) = k_s(0; t_2 - t_1, \ldots, t_s - t_1)$ den Strichindex weglassen. Verwechslungen mit der Korrelationsfunktion eines nichtstationären Prozesses sind bei einiger Aufmerksamkeit ausgeschlossen, da die Anzahl der Argumente im Falle eines stationären Prozesses um Eins kleiner als die Ordnung der Korrelationsfunktion (oder Momentenfunktion) ist.

In der gewöhnlichen Korrelationstheorie, die nur mit den ersten beiden Korrelationsfunktionen k_1 und k_2 arbeitet, wird an einen stationären Prozeß nur die Forderung nach zeitunabhängigem Mittelwert $k_1(t) = \text{const}$ und zeitdifferenzabhängiger Korrelationsfunktion zweiter Ordnung $k_2(t_1, t_2) = k_2(t_2 - t_1) = k_2(t_1 - t_2)$ erhoben. Ein derartiger Prozeß ist stationär im weiten Sinne, während ein Prozeß, für den (5.1) erfüllt ist, als stationär im engen Sinne des Wortes bezeichnet wird.

5.1. Einige Eigenschaften der gewöhnlichen Korrelationsfunktion eines stationären Prozesses

Die Korrelationsfunktion zweiter Ordnung (gewöhnliche Korrelationsfunktion oder auch Autokorrelationsfunktion) wird häufig als Produkt der Dispersion $\langle X_0^2 \rangle = k_2(0) = \sigma^2$ und der normierten Korrelationsfunktion $R(\tau)$ dargestellt:

$$k_2(\tau) = \sigma^2 \cdot R(\tau) \tag{5.5}$$

mit

$$R(0) = 1, \tag{5.6}$$

σ ist die Standardabweichung des stationären Prozesses.

Man kann leicht zeigen, daß

$$k_2(0) \geqq k_2(\tau). \tag{5.7}$$

Tatsächlich folgt für einen reellen stationären Prozeß aus

$$\langle [X_0(t_1) - X_0(t_2)]^2 \rangle = 2k_2(0) - 2k_2(t_2 - t_1) \geqq 0 \tag{5.8}$$

sofort die gesuchte Beziehung.

Für $\tau \to \infty$ verschwindet im allgemeinen die Korrelation zwischen $X(t)$ und $X(t + \tau)$, d. h., gewöhnlich gilt

$$\lim_{\tau \to \infty} R(\tau) = \lim_{\tau \to \infty} k_2(\tau) = 0. \tag{5.9}$$

Die Schnelligkeit des Abfalls der Korrelationsfunktion wird durch das sogenannte Korrelationsintervall τ_{kor} charakterisiert. Wir werden folgende Definition des Korrelationsintervalls benutzen [19]:

$$\tau_{\text{kor}} = \int_0^\infty |R(\tau)| \mathrm{d}\tau = \int_0^\infty \frac{|k_2(\tau)|}{k_2(0)} \mathrm{d}\tau, \tag{5.10}$$

die eine Vorstellung darüber vermittelt, innerhalb welcher Zeitintervalle $\tau \lesseqgtr \tau_{\text{kor}}$ die Korrelation noch stark ausgeprägt ist und für welche Zeitintervalle $\tau \gg \tau_{\text{kor}}$ sie vernachlässigt werden kann.

Eine wichtige Rolle spielt noch der Intensitätskoeffizient K_2 einer stationären Zufallsfunktion:

$$K_2 = \int_{-\infty}^{\infty} k_2(\tau) \, \mathrm{d}\tau. \tag{5.11}$$

Offensichtlich ist mit (5.10) unter Berücksichtigung von (5.4)

$$|K_2| \leqq 2k_2(0) \cdot \tau_{\text{kor}} .$$

Intensitätskoeffizienten höherer Ordnung werden analog (5.11) definiert:

$$K_s = \int_{-\infty}^{\infty} \cdots \int_{-\infty}^{\infty} k_s(\tau_1, \ldots, \tau_{s-1}) \, \mathrm{d}\tau_1 \cdots \mathrm{d}\tau_{s-1} . \tag{5.12}$$

5.2. Das Spektrum eines stationären Prozesses

Im Laufe der letzten Jahre setzt sich immer mehr die Erkenntnis durch, daß die historisch gewachsene und heute weit verbreitete Methodik der Spektralanalyse und -synthese stochastischer Systeme, die insbesondere auf die Arbeiten von Wiener und Khintchine zurückgeht (z. B. [13, 17, 20]), nicht immer in der Lage ist, einfache und überschaubare Verfahren zur Analyse und Synthese nichtlinearer stochastischer Systeme zu liefern. Trotzdem ist die Spektralvorstellung so tief in den Köpfen der Nachrichteningenieure und Regelungstechniker verwurzelt, daß viele Ergebnisse erst nach Übergang in den Spektralbereich mit vorhandenen Vorstellungen verbunden werden können. Wir werden deshalb die Spektralvorstellung als nützliches Hilfsmittel verwenden, im übrigen jedoch die Behandlung stochastischer Systeme im Zeitbereich vorziehen. Hier soll nur der Zusammenhang zwischen den Spektraldichten (oder Energiespektren) stationärer Prozesse, Korrelationsfunktionen und Leistungsspektren in dem Umfang behandelt werden, wie er zum Übergang zur Spektralvorstellung benötigt wird. Im übrigen wird auf eine exakte Darstellung der Spektraltheorie verzichtet, da sie im folgenden nicht benötigt wird.

Die Spektraldichte $S_{x_0}(\omega)$ des zentrierten stationären Zufallsprozesses $X_0(t)$ wird als FOURIER-Transformierte der Korrelationsfunktion zweiter Ordnung definiert (Theorem von WIENER-KHINTCHINE),

$$S_{x_0}(\omega) = \int_{-\infty}^{\infty} \mathrm{e}^{-i\omega\tau} k_2(\tau)\mathrm{d}\tau = \int_{-\infty}^{\infty} \mathrm{e}^{-i\omega\tau} \langle X_0(t) X_0^*(t+\tau)\rangle \mathrm{d}\tau , \quad (5.13)$$

wobei hier der Allgemeinheit halber auch komplexe Zufallsprozesse zugelassen werden und unter $k_2(\tau)$ die durch (3.52) definierte komplexe Korrelationsfunktion verstanden wird, die ja für reelle Prozesse mit der gewöhnlichen (reellen) Autokorrelationsfunktion identisch ist. Für stationäre Prozesse ist nach (3.54)

$$k_2(\tau) = k_{2;\mathrm{Re}X_0}(\tau) + k_{2;\mathrm{Im}X_0}(\tau) + i[k_{2;\mathrm{Re}X_0;\mathrm{Im}X_0}(\tau) - k_{2;\mathrm{Re}X_0;\mathrm{Im}X_0}(-\tau)] . \quad (5.14)$$

Die Kreuzkorrelationsfunktionen $k_{2;\mathrm{Re}X_0;\mathrm{Im}X_0}(\tau)$ und $k_{2;\mathrm{Re}X_0;\mathrm{Im}X_0}(-\tau)$ sind dabei nach (3.56) im allgemeinen ungleich, so daß für komplexe Prozesse

$$k_2^*(\tau) = k_2(-\tau) \tag{5.15}$$

und entsprechend nach (5.13)

$$S^*_{X_0}(\omega) = S_{X_0}(-\omega). \tag{5.16}$$

Der Zufallsprozeß $X(t) = X_0(t) + m_1$ mit nicht verschwindendem Mittelwert m_1 weist einen zusätzlichen Spektralanteil in Form einer Deltafunktion bei $\omega = 0$ auf:

$$S_x(\omega) = \int_{-\infty}^{\infty} e^{-i\omega\tau}\langle X(t)X^*(t+\tau)\rangle d\tau$$

$$= \int_{-\infty}^{\infty} e^{-i\omega\tau}[\langle X_0(t)X_0^*(t+\tau)\rangle + |m_1|^2]d\tau, \tag{5.17}$$

d. h.

$$S_x(\omega) = S_{X_0}(\omega) + 2\pi|m_1|^2\delta(0).^{1)} \tag{5.18}$$

Durch Rücktransformation von (5.13) kann bei bekannter Spektraldichte $S_{X_0}(\omega)$ die Korrelationsfunktion errechnet werden:

$$k_2(\tau) = \frac{1}{2\pi}\int_{-\infty}^{\infty} e^{i\omega\tau} S_{X_0}(\omega)d\omega. \tag{5.19}$$

Bei $\tau = 0$ erhält man die Dispersion

$$k_2(0) = \sigma^2 = \frac{1}{2\pi}\int_{-\infty}^{\infty} S_{X_0}(\omega)d\omega = \frac{1}{\pi}\int_{0}^{\infty} \operatorname{Re} S_{X_0}(\omega)d\omega. \tag{5.20}$$

---

[1]) Hier wurde die bekannte Darstellung der Deltafunktion

$$\frac{1}{2\pi}\int_{-\infty}^{\infty} e^{-i(\omega-\omega_0)\tau}\, d\tau = \delta(\omega-\omega_0)$$

verwendet.

Betrachtet man nun das gewöhnliche Spektrum $X(\omega)$ eines stationären Zufallsprozesses

$$X(\omega) = \int_{-\infty}^{\infty} \mathrm{e}^{-i\omega t} X(t)\,\mathrm{d}t^{1)} \tag{5.21}$$

und bildet den Erwartungswert des Produktes der Zufallsspektren

$$\langle X(\omega) X^*(\omega')\rangle = \iint_{-\infty}^{\infty} \mathrm{e}^{-i\omega t + i\omega' t'} \langle X(t) X^*(t')\rangle \mathrm{d}t\mathrm{d}t'\,, \tag{5.22}$$

so kann nach Substitution von $t = s + \frac{\tau}{2}$ und $t' = s - \frac{\tau}{2}$ die Integration

$$\langle X(\omega) X^*(\omega')\rangle = \iint_{-\infty}^{\infty} \mathrm{e}^{-i(\omega-\omega')s} \mathrm{e}^{-i(\omega+\omega')\frac{\tau}{2}} \times \left\langle X\left(s+\frac{\tau}{2}\right) X^*\left(s-\frac{\tau}{2}\right)\right\rangle \mathrm{d}s\,\mathrm{d}\tau \tag{5.23}$$

durchgeführt werden, da $\left\langle X\left(s+\frac{\tau}{2}\right) X^*\left(s-\frac{\tau}{2}\right)\right\rangle = k_2(\tau) + |m|^2$ infolge der Stationarität nicht mehr von s abhängt:

$$\begin{aligned}\langle X(\omega) X^*(\omega')\rangle &= 2\pi\delta(\omega-\omega')\, S_x\left(\frac{\omega+\omega'}{2}\right)\\ &= 2\pi\delta(\omega-\omega')\, S_x(\omega)\,.\end{aligned} \tag{5.24}$$

Analog gilt für die zentrierten Größen

$$\langle X_0(\omega) X_0^*(\omega')\rangle = 2\pi\delta(\omega-\omega')\, S_{X_0}(\omega)\,. \tag{5.25}$$

---

[1]) Das gewöhnliche Spektrum $X(\omega)$ existiert nur im verallgemeinerten Sinne, da für einen stationären Prozeß $\int_{-\infty}^{\infty} |X(t)| dt \to \infty$ und demzufolge die klassische FOURIER-Transformation nicht durchgeführt werden kann.

Der physikalisch anschauliche Zusammenhang zwischen $\langle X_0(\omega) X_0^*(\omega')\rangle$ und Spektraldichte ergibt sich aus folgenden Überlegungen: Man stellt sich, wie gewöhnlich, die Zufallsfunktion

$$X(t) = \frac{1}{2\pi} \int_{-\infty}^{\infty} e^{-i\omega t} X(\omega)\, d\omega \tag{5.26}$$

als Überlagerung einer unendlichen Anzahl sinusförmiger Komponenten $X(\omega) \cdot e^{i\omega t}$ vor und greift ein genügend schmales Frequenzband $\Delta\omega = 2\pi \Delta f$ bei ω_0 heraus, dessen Spektralanteil zum Zeitpunkt t_0 der Zeitfunktion $X(\omega_0 t_0)$ entspricht,

$$X(\omega_0 t_0) = \frac{1}{2\pi} \int_{\omega_0 - \frac{\Delta\omega}{2}}^{\omega_0 - \frac{\Delta\omega}{2}} e^{i\omega t_0} X(\omega)\, d\omega . \tag{5.27}$$

Die im Spektralbereich $\Delta\omega$ konzentrierte mittlere Leistung

$$\langle X(\omega_0 t_0)\, X^*(\omega_0 t_0)\rangle = \langle |X(\omega_0 t_0)|^2\rangle \tag{5.28}$$

ist mit (5.27) und (5.21) gleich

$$\langle |X(\omega_0 t_0)|^2\rangle = \frac{1}{(2\pi)^2} \int\int_{\omega_0 - \frac{\Delta\omega}{2}}^{\omega_0 + \frac{\Delta\omega}{2}} \cdot \int\int_{-\infty}^{\infty} \langle X(t) \cdot X^*(t')\rangle$$
$$\times e^{i(\omega - \omega')t_0} \cdot e^{-i\omega t + i\omega' t'}\, d\omega\, d\omega'\, dt\, dt' . \tag{5.29}$$

Setzt man wieder $t = s + \frac{\tau}{2}$ sowie $t' = s - \frac{\tau}{2}$ und berücksichtigt (5.25), dann wird

$$\langle |X(\omega_0 t_0)|^2\rangle = \frac{1}{2\pi} \int_{\omega_0 - \frac{\Delta\omega}{2}}^{\omega_0 + \frac{\Delta\omega}{2}} S_x(\omega)\, d\omega , \tag{5.30}$$

bzw. bei genügend kleinen $\Delta\omega$ erhält man das Leistungsspektrum

$$\langle |X(\omega_0 t_0)|^2\rangle = \Delta f \cdot S_x(\omega_0). \tag{5.31}$$

Die Spektraldichte $S_x(\omega)$ eines stationären Zufallsprozesses läßt sich also auch als Quotient der innerhalb eines schmalen Frequenzintervalls Δf konzentrierten mittleren Leistung des Zufallsprozesses und der Bandbreite dieses Intervalles definieren. Sie gibt die mittlere Energieverteilung nach den Frequenzen der einzelnen harmonischen Elementarkomponenten an und enthält keine Informationen über die Phasen der Elementarkomponenten mehr. Mit dieser Vorstellung, die, nebenbei gesagt, die historisch ältere ist, verbindet sich direkt die Anweisung, wie die Spektraldichte experimentell bestimmt werden kann.

Allerdings muß man in der Praxis berücksichtigen, daß keine idealen Filter mit rechteckigen Frequenzübertragungscharakteristiken wie in (5.27) zur Verfügung stehen. Für ein reales Schmalbandfilter mit der komplexen Übertragungscharakteristik $H(\omega)$ und der Mittenfrequenz ω_0 gilt bekanntlich formal

$$X(\omega_0 t_0) = \frac{1}{2\pi}\int_{-\infty}^{\infty} H(\omega)\, X(\omega) e^{i\omega t_0}\, d\omega. \tag{5.32}$$

Nach völlig analogen Rechnungen erhält man die mittlere Leistung am Ausgang des Filters

$$\langle |X(\omega_0 t_0)|^2\rangle = \frac{1}{2\pi}\int_{-\infty}^{\infty} |H(\omega)|^2 S_x(\omega)\, d\omega \tag{5.33}$$

bzw. bei genügender Schmalbandigkeit eine Beziehung zur experimentellen Bestimmung der Spektraldichte:

$$\langle |X(\omega_0 t_0)|^2\rangle \approx \frac{S_x(\omega_0)}{2\pi}\int_{-\infty}^{\infty} |H(\omega)|^2\, d\omega. \tag{5.34}$$

5.3. Spektrum des stationären weißen Rauschprozesses

In Kapitel 3 hatten wir den sogenannten weißen Rauschprozeß erwähnt, dessen Korrelationsfunktion (3.39) die Deltafunktion enthält.

Bei Stationarität wird die Korrelationsfunktion $k_2(t_1, t_2)$ des deltakorrelierten Prozesses gleich $\left(r(t) = \frac{N_0}{2}\right)$

$$k_2(\tau) = \frac{N_0}{2}\,\delta(\tau). \qquad (5.35)$$

Das Energiespektrum ist demzufolge frequenzunabhängig,

$$S_X(\omega) = \frac{N_0}{2}\int_{-\infty}^{\infty} \mathrm{e}^{-i\omega\tau}\delta(\tau)\mathrm{d}\tau = \frac{N_0}{2}, \qquad (5.36)$$

ähnlich, wie das für weißes Licht (innerhalb eines bestimmten Spektralbereiches) der Fall ist. Darauf beruht auch die Bezeichnung „weißes Rauschen".

Man beachte, daß das Spektrum sowohl für positive als auch negative Frequenzen definiert ist. Das Spektrum eines reellen Zufallsprozesses für nur positive Frequenzen

$$S_{X_0}^{(+)} = S_{X_0}(\omega) + S_{X_0}(-\omega) = 2S_X(\omega) \qquad (5.37)$$

(s. (5.16)) wird für weißes Rauschen einfach gleich

$$S_{x_0}^{(+)} = N_0. \qquad (5.38)$$

In der Praxis hat man es sehr oft mit Rauschprozessen zu tun, die sich durch weißes Rauschen annähern lassen. Ist nämlich die Korrelationsdauer τ_{kor} (s. (5.10)) eines Rauschprozesses vernachlässigbar klein im Vergleich zur Zeitkonstante des Systems, auf das der Prozeß einwirkt, so kann man den Zufallsprozeß in erster Näherung durch weißes Rauschen approximieren, indem man die Korrelationsfunktion $k_2(\tau)$ ersetzt durch

$$k_2(\tau) \to \delta(\tau)\int_{-\infty}^{\infty} k_2(\tau)\mathrm{d}\tau = K_2\delta(\tau), \qquad (5.39)$$

wobei K_2 der durch (5.11) definierte Intensitätskoeffizient ist. Bei Integration über τ sieht man, daß der reale Prozeß den gleichen Intensitätskoeffizienten wie der approximierende weiße Rauschprozeß besitzt.

5.4. Das Kreuzspektrum und Spektraldichten höherer Ordnung

Wir betrachten zwei statistisch verkoppelte, reelle Zufallsprozesse $X(t)$ und $Y(t)$. Die Kreuzkorrelationsfunktion zweiter Ordnung oder gewöhnliche Kreuzkorrelationsfunktion dieser Prozesse ist

$$k_{2;X;Y}(t, t') = \langle X_0(t) \cdot Y_0(t') \rangle = \frac{\partial^2 \ln h_2(p, p'; t, t')}{\partial p \partial p'}\bigg|_{p=p'=0}. \tag{5.40}$$

Für stationär verkoppelte Prozesse hängt die Kreuzkorrelationsfunktion wieder nur von der Zeitdifferenz $\tau = t - t'$ ab. Der Übergang in den Spektralbereich liefert die Spektraldichte des Kreuzspektrums

$$S_{X_0;Y_0}(\omega) = \int_{-\infty}^{\infty} k_{2;X;Y}(\tau)\, \mathrm{e}^{-i\omega\tau}\, \mathrm{d}\tau. \tag{5.41}$$

Die Spektraldichten höherer Ordnung werden als FOURIER-Transformierte der Korrelationsfunktionen höherer Ordnung eingeführt:

$$S_{x;k}(\omega_1, \ldots, \omega_k) = \int_{-\infty}^{\infty} \!\!\ldots\! \int \mathrm{e}^{-i(\omega_1\tau_1 + \cdots + \omega_k\tau_k)} \times k_{k+1}(\tau_1, \tau_2, \ldots, \tau_k)\, \mathrm{d}\tau_1 \cdots \mathrm{d}\tau_k. \tag{5.42}$$

Sie werden mitunter als Rechenhilfen verwendet, verlieren aber genauso schnell wie die Korrelationsfunktionen mit wachsendem k ihre Anschaulichkeit.

Analog lassen sich Kreuzspektren höherer Ordnung einführen.

5.5. Ergodische Prozesse

In der Praxis spielt eine Spezialform der stationären Prozesse — die ergodischen Prozesse — eine außerordentlich wichtige Rolle.

Ein Zufallsprozeß $X(t)$ ist ein ergodischer Prozeß, wenn ein beliebiger Ensemblemittelwert $\langle f(X(t_1), \ldots, X(t_n))\rangle$ mit einer Wahrscheinlichkeit, die beliebig wenig von Eins abweicht, gleich dem zeitlichen Mittelwert $\overline{f(X(t_1), \ldots, X(t_n))}$[1] wird, der sich durch Mittelung über ein genügend großes Zeitintervall T aus einer einzigen Realisierung des Zufallsprozesses ergibt.

Für ergodische Prozesse entfällt damit die Notwendigkeit, eine Vielzahl von Realisierungen des Zufallsprozesses zu untersuchen (die gewöhnlich auch gar nicht zur Verfügung stehen), da alle Wahrscheinlichkeitscharakteristika aus einer einzigen, genügend langen Realisierung abgeleitet werden können.

Der Mittelwert $\langle X(t)\rangle$ eines ergodischen Prozesses ist z. B. gleich

$$\langle X(t)\rangle = \lim_{T\to\infty} \frac{1}{2T} \int_{-T}^{T} X(t)\,\mathrm{d}t = m_1 = \overline{X(t)}, \qquad (5.43)$$

während seine Korrelationsfunktion gegeben wird durch

$$k_2(\tau) = \lim_{T\to\infty} \frac{1}{2T} \int_{-T}^{T} [X(t) - m_1]\,[X(t+\tau) - m_1]\,\mathrm{d}t$$
$$= \overline{X_0(t) \cdot X_0(t+\tau)}. \qquad (5.44)$$

---

[1]) Der Strich über f bedeutet zeitliche Mittelwertbildung:

$$\overline{f(X(t_1), \ldots, X(t_n))} = \lim_{T\to\infty} \frac{1}{2T} \int_{-T}^{T} f\,(X(t_1+\tau), X(t_2+\tau), \ldots, X(t_n+\tau))\,\mathrm{d}\tau.$$

Analog können die zentralen Momentenfunktionen höherer Ordnung durch zeitliche Mittelung bestimmt,

$$\mu_s(\tau_1, \ldots, \tau_{s-1}) = \lim_{T\to\infty} \frac{1}{2T} \int_{-\infty}^{\infty} X_0(t)\, X_0(t+\tau_1) \cdots X_0(t+\tau_{s-1})\, \mathrm{d}t, \quad (5.45)$$

und daraus nach (3.38) die Korrelationsfunktionen höherer Ordnung abgeleitet werden.

Die Stationarität im engen Sinne ist notwendige Voraussetzung für die Ergodizität. Jedoch stimmen im allgemeinen Ensemblemittelwert und Zeitmittelwert stationärer Prozesse nicht überein. Notwendig und hinreichend für die Egodizität ist die Stationarität im engen Sinne und die sogenannte metrische Transitivität [3]. Die Notwendigkeit der Stationarität folgt unmittelbar aus (5.43) bis (5.45), denn im nichtstationären Fall würde der linke Teil der Gleichungen noch von t abhängen, was aber laut Definition des Zeitmittelwertes unmöglich ist. Es existieren jedoch stationäre Prozesse, deren Einzelrealisierungen nicht alle Eigenschaften des Prozesses widerspiegeln, wie das z. B. für einen Prozeß der Art [16]

$$Y(t) = X(t) + Z \quad (5.46)$$

der Fall ist, wobei $X(t)$ einen ergodischen Prozeß und Z eine Zufallsgröße darstellen. $Y(t)$ ist natürlich stationär (im engen Sinne), jedoch enthält eine Realisierung $Y(t) = x(t) + z$ keine Informationen über die Verteilung von Z.

Das bedeutet beispielsweise, daß

$$\langle Y(t)\rangle = \langle X(t)\rangle + \langle Z\rangle \neq \lim_{T\to\infty} \frac{1}{2T} \int_{-T}^{T} X(t)\mathrm{d}t + z$$
$$= \langle X(t)\rangle + z = \overline{X(t) + z}, \quad (5.47)$$

da im allgemeinen Fall für eine Realisierung der Wert z der Zufallsgröße nicht mit dem Mittelwert $\langle Z\rangle$ übereinstimmt ($z \neq \langle Z\rangle$).

Da die Prüfung der metrischen Transitivität mit Schwierigkeiten verbunden ist, werden gewöhnlich hinreichende Bedingungen angegeben, unter denen ein zeitlicher Mittelwert im quadratischen Mittel gegen den entsprechenden Ensemblemittelwert strebt.

Wir wollen das am Beispiel des Mittelwertes einer stationären Zufallsfunktion $X(t)$ demonstrieren. Dazu führen wir die Zufallsgröße $Y_1(T)$,

$$Y_1(T) = \frac{1}{2T}\int_{-T}^{T} X(t)\,\mathrm{d}t\,, \tag{5.48}$$

ein und betrachten den Ausdruck

$$\begin{aligned}\langle[Y_1(T) - m_1]^2\rangle &= \frac{1}{4T^2}\iint_{-T}^{T}\langle X_0(t)\,X_0(t')\rangle\,\mathrm{d}t\,\mathrm{d}t' \\ &= \frac{1}{4T^2}\iint_{-T}^{T} k_2(t-t')\,\mathrm{d}t\,\mathrm{d}t'\,.\end{aligned} \tag{5.49}$$

Wie üblich, wurde hier mit $X_0(t)$ wieder die zentrierte Zufallsfunktion bezeichnet.

Damit $Y_1(T)$ im quadratischen Mittel gegen m_1 strebt, ist es notwendig und hinreichend, daß

$$\lim_{T\to\infty}\frac{1}{4T^2}\iint_{-T}^{T} k_2(t-t')\,\mathrm{d}t\,\mathrm{d}t' = 0\,. \tag{5.50}$$

Daraus ergeben sich bestimmte Forderungen an die Korrelationsfunktion, von denen wir die am häufigsten benutzten angeben wollen.

1. Zur Erfüllung von (5.50) ist es hinreichend, daß für unbegrenzt wachsendes $|t - t'|$ die Korrelationsfunktion gegen Null strebt.

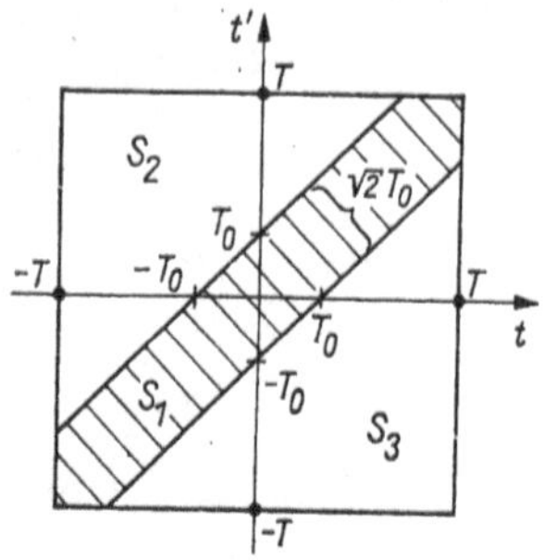

Abb. 9. Aufspaltung des Integrationsbereiches von (5.36) in drei Gebiete

Tatsächlich wird dann $|k_2(t - t')| < \varepsilon$ für $|t - t'| > T_0$ und nach Abb. 9

$$\left|\int_{-T}^{T}\int k_2(t - t')\mathrm{d}t\mathrm{d}t'\right| < \iint_{t;t'\in s_1} |k_2(t - t')|\,\mathrm{d}t\,\mathrm{d}t' + \varepsilon \iint_{t;t'\in s_2+s_3} \mathrm{d}t\,\mathrm{d}t'. \quad (5.51)$$

Andererseits ist $|k_2(t - t')| \leqq k_2(0)$ und damit das erste Integral kleiner als $k_2(0) \cdot \sqrt{2}T_0 \cdot 2\sqrt{2}T$ und das zweite Integral kleiner als T^2:

$$\frac{1}{4T^2}\left|\int_{-T}^{T}\int k_2(t - t')\mathrm{d}t\mathrm{d}t'\right| < k_2(0)\,\frac{T_0}{T} + \varepsilon. \quad (5.52)$$

Für $T \to \infty$ strebt infolge der Willkür bei der Wahl von T_0 bzw. ε dieser Ausdruck gegen Null.

2. Zur Erfüllung von (5.50) ist es hinreichend, daß der stationäre Prozeß eine endliche Dispersion und ein endliches Korrelationsintervall besitzt.

Betrachtet man nämlich das Integral

$$I(T) = \frac{1}{4T^2} \iint_{-T}^{T} k_2(t - t')\mathrm{d}t\mathrm{d}t' \tag{5.53}$$

und substituiert für $t - t' > 0$ die neuen Variablen $t - t' = \tau$ und $t' = \tau'$ sowie für $t - t' < 0$ die Variablen $t - t' = \tau$ und $-t = \tau'$, so zerfällt das Integrationsquadrat $-T \leqq t \leqq T$; $-T \leqq t' \leqq T$ in zwei Bereiche oberhalb und unterhalb der Diagonalen $t = t'$, und man erhält

$$\begin{aligned} I(T) &= \frac{1}{4T^2}\left[\int_{-2T}^{0}\int_{-T-\tau}^{T} k_2(\tau)\mathrm{d}\tau\mathrm{d}\tau' + \int_{0}^{2T}\int_{-T+\tau}^{T} k_2(\tau)\mathrm{d}\tau\mathrm{d}\tau'\right] \\ &= \frac{1}{2T}\int_{-2T}^{2T}\left(1 - \frac{|\tau|}{T}\right) k_2(\tau)\mathrm{d}\tau\,. \end{aligned} \tag{5.54}$$

Damit läßt sich $I(T)$ abschätzen (s. (5.10) und (5.11)):

$$\begin{aligned} |I(T)| &\leqq \frac{1}{2T}\int_{-2T}^{2T}\left|1 - \frac{|\tau|}{T}\right| \cdot |k_2(\tau)|\mathrm{d}\tau \leqq \frac{1}{2T}\int_{-\infty}^{\infty} |k_2(\tau)|\mathrm{d}\tau \\ &= \frac{\sigma^2\tau_{\mathrm{kor}}}{T} \leqq \frac{|K_2|}{2T}. \end{aligned} \tag{5.55}$$

Für $T \to \infty$ strebt also $I(T)$ bei endlichem $\sigma^2\tau_{\mathrm{kor}}$ gegen Null.

Ganz analog läßt sich zeigen, daß z. B. der zeitliche Mittelwert

$$\begin{aligned} &Y_s(T; \tau_1, \tau_2, \ldots, \tau_{s-1}) \\ &= \frac{1}{2T}\int_{-\infty}^{\infty} X_0(t)\, X_0(t + \tau_1) \cdots X_0(t + \tau_{s-1})\,\mathrm{d}t \end{aligned} \tag{5.56}$$

im quadratischen Mittel für $T \to \infty$ gegen $\mu_s(\tau_1, \ldots, \tau_{s-1})$ strebt, wenn

$$\lim_{T\to\infty} \frac{1}{2T} \int_{-2T}^{2T} \left(1 - \frac{|\tau|}{T}\right) [\mu_{2s}(\tau, \tau + \tau_1, \ldots, \tau + \tau_{s-1}, \tau_1, \tau_2, \ldots, \tau_{s-1}) - \mu_s^2(\tau_1, \ldots, \tau_{s-1})] \, d\tau = 0. \tag{5.57}$$

Für $s = 2$ kann man daraus z. B. die hinreichenden Bedingungen für die Konvergenz im quadratischen Mittel des Zeitmittelwertes

$$Y_2(T; \tau_1) = \frac{1}{2T} \int_{-T}^{T} X_0(t) \, X_0(t + \tau_1) \, dt \tag{5.58}$$

gegen die Korrelationsfunktion $k_2(\tau_1)$ ableiten, die mit (3.38) (letzte Formel) folgende Form annehmen:

$$\lim_{T\to\infty} \langle [Y_2(T; \tau_1) - k_2(\tau_1)]^2 \rangle = \lim_{T\to\infty} \frac{1}{2T} \int_{-2T}^{2T} \left(1 - \frac{|\tau|}{T}\right) \times [k_4(\tau, \tau + \tau_1, \tau_1) + k_2^2(\tau) + k_2(\tau + \tau_1) \, k_2(\tau - \tau_1)] \, d\tau = 0. \tag{5.59}$$

Wenn das Integral $\int_{-\infty}^{\infty} [k_4(\tau, \tau + \tau_1, \tau_1) + k_2^2(\tau) + k_2(\tau + \tau_1) \, k_2(\tau - \tau_1)] \, d\tau$ für beliebige τ_1 konvergiert, dann ist (5.59) erfüllt, und der zeitliche Mittelwert (5.58) strebt im quadratischen Mittel gegen die Korrelationsfunktion.

6. Kanonische Darstellungen von Zufallsprozessen

Beim Umgang mit stochastischen Prozessen wird man immer wieder mit der Notwendigkeit konfrontiert, den allgemeinen Zufallsprozeß durch einfachere mathematische Objekte zu ersetzen. Die kanonischen Darstellungen, die eng mit den Namen von KARHUNEN und PUGATSCHJOV (s. z. B. [11, 12, 18]) verbunden sind, gestatten es, den allgemeinen Zufallsprozeß durch eine zufällige Summe determinierter Funktionen bzw. durch eine entsprechende Integraldarstellung auszudrücken.

6.1. Kanonische Summendarstellung

Der allgemeine Zufallsprozeß soll als Linearkombination unkorrelierter Zufallsgrößen V_l mit verschwindenden Mittelwerten dargestellt werden,

$$X(t) = \langle X(t) \rangle + \sum_{l=1}^{\infty} V_l \cdot u_l(t). \tag{6.1}$$

Die $u_l(t)$ sind determinierte Zeitfunktionen — die sogenannten Koordinatenfunktionen. Die Dispersion der V_l wird mit σ_l^2 bezeichnet. An die V_l werden die Forderungen

$$\langle V_l \rangle = 0, \tag{6.2}$$

$$\langle V_k \cdot V_l \rangle = \delta_{k;l} \sigma_k^2 \tag{6.3}$$

gestellt ($\delta_{k;l}$ — KRONECKER-Symbol, $\delta_{k;l} = 0$ für $k \neq l$ und $\delta_{k;k} = 1$).

Wenn die kanonische Summendarstellung (6.1) im quadratischen Mittel mit $X(t)$ übereinstimmt, läßt sich die Korrelationsfunktion $k_{2;x}(t, t')$ leicht bestimmen:

$$\langle X_0(t) X_0(t') \rangle = k_{2;x}(t; t') = \sum_{l=1}^{\infty} \sigma_l^2 u_l(t) \cdot u_l(t'). \tag{6.4}$$

Jeder Ausdruck vom Typ (6.4) wird als kanonische Darstellung der Korrelationsfunktion bezeichnet. Die Koordinatenfunktionen sind zweckmäßigerweise so zu wählen, daß die schnellste Konvergenz im quadratischen Mittel gewährleistet wird:

$$\left\langle \left[X_0(t) - \sum_{l=1}^{n} V_l \cdot u_l(t) \right]^2 \right\rangle = \min \tag{6.5}$$

bzw. unter Beachtung von (6.3)

$$\langle X_0^2(t)\rangle - 2\sum_{l=1}^{n} u_l(t)\,\langle X_0(t)\cdot V_l\rangle + \sum_{l=1}^{n}\sigma_l^2 u_l^2(t) = \min. \quad (6.6)$$

Das Minimum wird genau dann erreicht, wenn die Koordinatenfunktionen gleich

$$u_l(t) = \frac{\langle X_0(t)\cdot V_l\rangle}{\sigma_l^2} \quad (6.7)$$

gewählt werden. V_l und $X_0(t)$ müssen also in ganz bestimmter Weise miteinander korreliert sein.

Es gibt nun eine Vielzahl von Möglichkeiten, um die V_l und die dazugehörigen optimalen Koordinatenfunktionen zu bestimmen.

Betrachten wir den Fall, daß $X(t)$ im Intervall $[t_0, t_0 + T]$ durch eine kanonische Darstellung der Art (6.1) ausgedrückt werden soll. Am einfachsten lassen sich kanonische Zerlegungen aufbauen, wenn man V_l als folgendes lineares Funktional über $X_0(t)$ im Intervall T ansetzt:

$$V_l = \int_{t_0}^{t_0+T} a_l(t)\,X_0(t)\,\mathrm{d}t. \quad (6.8)$$

(6.2) wird mit diesem Ansatz automatisch erfüllt, während sich aus (6.3) die Bedingung ergibt

$$\langle V_k\cdot V_l\rangle = \iint_T a_k(t')\,a_l(t)\,k_{2;x}(t, t')\,\mathrm{d}t\,\mathrm{d}t' = \sigma_l^2\delta_{k,l}. \quad (6.9)$$

Die optimale Koordinatenfunktion ist nach (6.7) unter Berücksichtigung von (6.8) gleich

$$u_k(t) = \frac{1}{\sigma_k^2}\int_T a_k(t')\,k_{2;x}(t, t')\,\mathrm{d}t'. \quad (6.10)$$

Man sieht bei Substitution von (6.10) in (6.9)

$$\int_T u_k(t)\, a_l(t)\, \mathrm{d}t = \delta_{k;l}, \tag{6.11}$$

daß die Koordinatenfunktionen $u_k(t)$ und die Gewichtsfunktionen $a_l(t)$ zueinander biorthogonal sein müssen. Wenn die nach (6.9) mit dem Gewicht $k_{2;x}(t, t')$ orthogonalen Funktionen $a_k(t)$ ein vollständiges System bilden, dann kann die Zufallsfunktion $X(t)$ nach den zu $a_l(t)$ biorthogonalen optimalen Koordinatenfunktionen (6.10) zerlegt werden, wobei die Vollständigkeit der Funktionen $a_l(t)$ notwendig und hinreichend für die Konvergenz der Summe in (6.1) gegen $X_0(t)$ ist.

6.2. Kanonische Summendarstellung des weißen Rauschens

Die Korrelationsfunktion (3.39) eines weißen Rauschprozesses läßt sich in symmetrischer Form schreiben

$$k_{2;x}(t, t') = \sqrt{r(t)}\,\sqrt{r(t')}\,\delta(t - t'). \tag{6.12}$$

Setzt man $a_l(t) = [r(t)]^{-1/2} \cdot \sin \frac{2\pi l}{T} \cdot t$ bzw. $[r(t)]^{-1/2} \cdot \cos \frac{2\pi l}{T} \cdot t$, so wird (6.9) durch diesen Ansatz mit $\sigma_l^2 = \frac{T}{2}$ erfüllt. Die Koordinatenfunktionen sind nach (6.10) entsprechend $\frac{2}{T}\sqrt{r(t)} \sin \frac{2\pi l}{T} \cdot t$ und $\frac{2}{T}\sqrt{r(t)} \cos \frac{2\pi l}{T} \cdot t$. Man erhält folgende kanonische Darstellung:

$$X_0(t) = \frac{2}{T}\sqrt{r(t)} \sum_{l=1}^{\infty} \left[V_l \sin \frac{2\pi l}{T} \cdot t + U_l \cos \frac{2\pi l}{T} \cdot t \right] \tag{6.13}$$

mit

$$\langle V_k \cdot V_l \rangle = \langle U_k \cdot U_l \rangle = \frac{T}{2}\,\delta_{k,l}; \quad \langle V_k \cdot U_l \rangle = 0. \tag{6.14}$$

Die Korrelationsfunktion (6.4) des Prozesses $X_0(t)$

$$k_{2;x}(t, t') = r(t) \frac{2}{T} \sum_{l=1}^{\infty} \cos \frac{2\pi l}{T}(t - t') = r(t)\delta(t - t') \quad (6.15)$$

ergibt nach Aufsummation wieder die Deltafunktion.

6.3. Praktische Konstruktion der Koordinaten- und Gewichtsfunktionen

In [18] wird ein Verfahren zur praktischen Konstruktion der Koordinaten- und Gewichtsfunktionen angegeben, das hier auf Grund seiner außerordentlichen Einfachheit kurz skizziert werden soll.

Man wählt ein beliebiges vollständiges System linear unabhängiger Funktionen $f_1(t), f_2(t), \ldots$ und setzt

$$a_1(t) = f_1(t). \quad (6.16)$$

Mit Hilfe von (6.9) und (6.10) können nun σ_1^2 und $u_1(t)$ bestimmt werden. Weiter macht man den Ansatz

$$a_2(t) = \alpha_{2,1} a_1(t) + f_2(t) \quad (6.17)$$

und bestimmt $\alpha_{2,1}$ so, daß die Biorthogonalitätsbeziehung (6.11) mit $u_1(t)$ erfüllt wird,

$$\int_T a_2(t) \cdot u_1(t)\, dt = 0 = \alpha_{2,1} \int_T a_1(t) u_1(t)\, dt + \int_T f_2(t) u_1(t)\, dt \quad (6.18)$$

bzw. unter Berücksichtigung von (6.11) für a_1 und u_1

$$\alpha_{2,1} = -\int_T f_2(t)\, u_1(t)\, dt. \quad (6.19)$$

Nach (6.9) und (6.10) lassen sich σ_2^2 und $u_2(t)$ leicht errechnen.

Dieser Prozeß, der große Ähnlichkeit mit dem gewöhnlichen Orthogonalisierungsverfahren hat, wird weiter fortgesetzt. Auf diese Weise seien also alle $a_l(t)$, $u_k(t)$ und $\sigma_l^2 (k, l = 1, 2, \ldots, n-1)$ festgelegt worden. $a_n(t)$ kann nun völlig analog errechnet werden:

$$a_n(t) = \sum_{r=1}^{n-1} \alpha_{n;r} a_r(t) + f_n(t). \tag{6.20}$$

Aus der Biorthogonalitätsgleichung werden alle $\alpha_{n,m}$ $(m = 1, \ldots, n-1)$ bestimmt:

$$\int_T a_n(t)\, u_m(t)\, dt = 0 = \sum_{r=1}^{n-1} \alpha_{n,r} \int_T a_r(t)\, u_m(t)\, dt + \int_T f_n(t)\, u_m(t)\, dt \tag{6.21}$$

bzw.

$$\alpha_{n,m} = -\int_T f_n(t)\, u_m(t)\, dt, \tag{6.22}$$

da

$$\int_T a_r(t)\, u_m(t)\, dt = \delta_{r,m} \quad \text{für} \quad r, m = 1, 2, \ldots, n-1. \tag{6.23}$$

Mit Hilfe der durch (6.20) und (6.22) definierten Funktion $a_n(t)$ kann σ_n^2 und $u_n(t)$ durch (6.9) und (6.10) bestimmt werden. Dieser Prozeß läßt sich iterativ beliebig fortsetzen.

Da die $f_i(t)$ beliebige linear unabhängige Funktionen darstellen, hängt von ihrer Wahl natürlich das konkrete Aussehen der Koordinaten- und Gewichtsfunktionen ab. Es existiert dementsprechend eine unendliche Anzahl von Möglichkeiten der kanonischen Darstellung von Zufallsfunktionen.

6.4. Kanonische Summendarstellungen mit Hilfe allgemeiner linearer Funktionale

Die Wahl der V_l als lineares Funktional in der Form (6.8) erfaßt u. a. die Zerlegung der Zufallsfunktion $X(t)$ auf einer diskreten Menge von Zeitpunkten $t_1, \ldots, t_n$, wenn $a_l(t)$ als Summe von Deltafunktionen angesetzt wird:

$$a_l(t) = \sum_{r=1}^{n} a_{l;r} \cdot \delta(t - t_r).$$

Läßt man die V_l noch von den Ableitungen der Zufallsfunktionen abhängen, so erhält man Funktionale der Art

$$V_l = \sum_{s=0}^{N} \int_T a_{l;s}(t) \frac{\mathrm{d}^s X_0(t)}{\mathrm{d}t^s} \cdot \mathrm{d}t$$

usw. Ganz allgemein muß ein System linearer Funktionale $L^{(l)}$ gesucht werden, das die V_l erzeugt,

$$V_l = L^{(l)} \cdot X_0(t), \tag{6.24}$$

und biorthogonal zu den Koordinatenfunktionen ist:

$$L^{(l)} \cdot u_k(t) = \delta_{k;l}. \tag{6.25}$$

Tatsächlich, mit (6.7) und (6.24) wird $u_l(t)$ gleich

$$u_l(t) = \frac{1}{\sigma_l^2} L_{t'}^{(l)} k_{2;x}(t, t'), \tag{6.26}$$

wobei der Index t' angibt, auf welches Argument $L^{(l)}$ einwirkt.

Andererseits zieht die Unkorreliertheit der V_l die zu (6.9) äquivalente Forderung

$$L_t^{(l)} L_{t'}^{(k)} k_{2;x}(t, t') = \sigma_l^2 \cdot \delta_{k;l} \tag{6.27}$$

nach sich, woraus unter Berücksichtigung von (6.26) die Biorthogonalitätsbedingung (6.25) folgt.

Die Dispersion der Zufallsgröße

$$Y(t) = X_0(t) - \sum_{l=1}^{\infty} V_l \cdot u_l(t) = L' X_0(t) = V', \tag{6.28}$$

die ein lineares Funktional von $X_0(t)$ darstellt, ist

$$\langle Y^2(t)\rangle = L_t' L_{t'}' k_{2;x}(t, t') \tag{6.29}$$

und wird identisch Null, wenn das System $L^{(l)}$ vollständig ist. In der Tat, da V' mit allen V_l unkorreliert ist,

$$\langle V' \cdot V_l \rangle = L_t' L_{t'}^{(l)} \cdot k_{2;x}(t, t') = 0\,, \tag{6.30}$$

folgt aus der Vollständigkeit des Systems $L^{(l)}$ per definitionem

$$L_t' \cdot L_{t'}' k_{2;x}(t, t') = 0\,. \tag{6.31}$$

(Ein System linearer Funktionale ist vollständig bezüglich $X_0(t)$, wenn kein lineares Funktional existiert, das für alle l der Beziehung $L_t' L_{t'}^{(l)} \langle X_0(t) X_0(t')\rangle = 0$ genügt und eine von Null verschiedene Norm besitzt, $[L_t' L_{t'}' \langle X_0(t) X_0(t')\rangle] > 0$.)

Die Vollständigkeit des Systems $L^{(l)}$ ist somit notwendige und hinreichende Bedingung für die kanonische Summendarstellung (6.1) mit den Zufallsgrößen (6.24) und Koordinatenfunktionen (6.26).

6.5. Kanonische Integraldarstellung

Die Zufallsfunktion $X(t)$ $(t_0 \leqq t \leqq t_0 + T)$ soll mit Hilfe eines weißen Rauschprozesses dargestellt werden,

$$X_0(t) = \int_{T'} V(\tau) \cdot u(t, \tau)\, d\tau\,. \tag{6.32}$$

Das Gebiet $T' \in \tau$ wird der Einfachheit halber als einfaches Intervall angenommen $(\tau_0 \leqq \tau \leqq \tau_0 + T')$. $V(\tau)$ sei der weiße Rauschprozeß mit verschwindendem Mittelwert

$$\langle V(\tau)\rangle = 0\,, \tag{6.33}$$

$$\langle V(\tau) \cdot V(\tau')\rangle = r(\tau)\delta(\tau - \tau')\,. \tag{6.34}$$

Die entsprechende kanonische Darstellung der Korrelationsfunktion $k_{2;x}(t, t')$ bekommt mit (6.32) folgendes Aussehen:

$$k_{2;x}(t, t') = \int_{T'} r(\tau)\, u(t, \tau)\, u(t', \tau)\, \mathrm{d}\tau . \tag{6.35}$$

Zuerst muß analog zur kanonischen Summendarstellung der weiße Rauschprozeß $V(\tau)$ aus $X_0(t)$ gewonnen werden. Das gelingt mit Hilfe des Ansatzes

$$V(\tau) = \int_{T} a(t, \tau)\, X_0(t)\, \mathrm{d}t , \tag{6.36}$$

wobei $a(t, \tau)$ die noch unbekannte determinierte Gewichtsfunktion ist. $V(\tau)$ und $X_0(t)$ sind miteinander korrelierte Funktionen,

$$\langle V(\tau) X_0(t)\rangle = \int_{T'} \langle V(\tau) V(\tau')\rangle\, u(t, \tau)\, \mathrm{d}\tau = r(\tau)\, u(t, \tau) , \tag{6.37}$$

deren Korrelation wieder die Koordinatenfunktion bestimmt,

$$u(t; \tau) = \frac{\langle V(\tau) X_0(t)\rangle}{r(\tau)} \tag{6.38}$$

oder mit (6.36)

$$u(t, \tau) = \frac{1}{r(\tau)} \int_{T} a(t', \tau)\, k_{2;x}(t, t')\, \mathrm{d}t' . \tag{6.39}$$

Andererseits folgt aus (6.34) mit (6.36) und (6.39)

$$\begin{aligned} \langle V(\tau) V(\tau')\rangle &= \int_{T}\int_{T} a(t, \tau)\, a(t', \tau')\, k_{2;x}(t, t')\, \mathrm{d}t \mathrm{d}t' \\ &= r(\tau') \int_{T} u(t, \tau')\, a(t, \tau)\, \mathrm{d}t = r(\tau')\, \delta(\tau - \tau') \end{aligned} \tag{6.40}$$

die zu (6.11) analoge Beziehung

$$\int_{T} u(t, \tau')\, a(t, \tau)\, \mathrm{d}t = \delta(\tau - \tau') , \tag{6.41}$$

die zusammen mit (6.39) notwendig und hinreichend dafür ist, daß der durch (6.36) definierte Rauschprozeß weiß ist. Allerdings sind beide Gleichungen noch nicht hinreichend, um den Rauschprozeß $X_0(t)$ in der Form (6.32) darstellen zu können.

Erst die Erfüllung der Gleichung

$$\int_{\tau} a(t', \tau)\, u(t, \tau)\, \mathrm{d}\tau = \delta(t - t') \tag{6.42}$$

garantiert zusammen mit (6.39) und (6.41) hinreichende Bedingungen für die Darstellbarkeit von $X_0(t)$ durch (6.32). Betrachten wir nämlich den rechten Teil von (6.32), berücksichtigen (6.36), danach (6.42), so sehen wir, daß

$$\begin{aligned}\int_{T'} V(\tau)\, u(t, \tau)\, \mathrm{d}\tau &= \int_{T'}\int_{T} X_0(t')\, a(t', \tau)\, u(t, \tau)\, \mathrm{d}\tau\, \mathrm{d}t' \\ &= \int_{T} X_0(t')\, \delta(t - t')\, \mathrm{d}t' = X_0(t).\end{aligned} \tag{6.43}$$

Die vollständige Lösung des gestellten Problems erfordert noch die Angabe des Intensitätsfaktors $r(\tau)$. $r(\tau)$ erhält man nach Integration von (6.40) unter Berücksichtigung von (6.34):

$$\begin{aligned}&\int_{T'} \langle V(\tau)\, V(\tau')\rangle\, \mathrm{d}\tau' = r(\tau) \\ &= \int_{T'}\int_{T}\int_{T} a(t, \tau)\, a(t', \tau')\, k_{2;x}(t, t')\, \mathrm{d}\tau'\, \mathrm{d}t\, \mathrm{d}t'.\end{aligned} \tag{6.44}$$

Abschließend sei bemerkt, daß nicht nur aus der Integraldarstellung (6.32) die kanonische Integraldarstellung der Korrelationsfunktion (6.35) folgt, sondern auch umgekehrt die Darstellung der Korrelationsfunktion in der Form (6.35) die Integraldarstellung (6.32) der Zufallsfunktion $X_0(t)$ bedingt. Das gleiche gilt für die Summendarstellung (6.4) der Korrelationsfunktion und die kanonische Zerlegung (6.1). In diesem Falle kann man zeigen [11], daß die Eigenfunktionen der homogenen FREDHOLMschen Integralgleichung

$$\int_T k_{2;x}(t, t')\, u(s)\, g(s)\, \mathrm{d}s = \lambda \cdot u(t), \qquad (6.45)$$

wobei $g(s)$ eine beliebige nichtnegative Gewichtsfunktion ist, als Koordinatenfunktionen herangezogen werden können. Allerdings ist die Lösung der Integralgleichung (6.45) mit bedeutend höherem Rechenaufwand verbunden als die skizzierte Methode zur Konstruktion der Koordinatenfunktionen $u_l(t)$ und der Gewichtsfunktionen $a_l(t)$, die im Prinzip auf ein gewöhnliches Orthogonalisierungsverfahren hinausläuft.

7. Zufallsprozesse mit Normal- oder Gauß-Verteilungen

Auf Grund ihrer mathematischen Einfachheit und großen praktischen Bedeutung nehmen die Zufallsprozesse, deren Wahrscheinlichkeitsdichte durch GAUSS-Verteilungen gegeben werden, eine Sonderstellung ein.

Die normalverteilten Zufallsprozesse lassen sich durch die Angabe von nur zwei statistischen Charakteristika — des Mittelwertes und der Korrelationsfunktion — vollständig beschreiben. Alle Korrelationsfunktionen höherer Ordnung sind identisch Null. Die n-dimensionale Wahrscheinlichkeitsdichte eines gaußverteilten Zufallsprozesses ist somit nach (3.34) gleich

$$p_n(x_1,\ldots,x_n; t_1,\ldots,t_n) = \frac{1}{(2\pi i)^n} \int_{i-\infty}^{i\infty} \cdots \int \exp\Bigg[\sum_{r=1}^{n} \big(k_1(t_r) - x_r\big) p_r + \frac{1}{2} \sum_{r_1=1}^{n} \sum_{r_2=1}^{n} k_2(t_{r_1}, t_{r_2}) p_{r_1} \cdot p_{r_2}\Bigg] \cdot \mathrm{d}p_1 \cdot \mathrm{d}p_2 \cdots \mathrm{d}p_n. \qquad (7.1)$$

Würde man $k_2(t_{r_1}, t_{r_2})$ ebenfalls Null setzen, so hätte man es nicht mehr mit einem Zufallsprozeß, sondern mit einer determinierten Funktion zu tun, da in diesem Falle für beliebige n nach (7.1)

$$p_n(x_1, \ldots, x_n; t_1, \ldots, t_n) = \delta\big(x_1 - k_1(t_1)\big) \cdots \delta\big(x_n - k_1(t_n)\big).$$

Andererseits läßt sich leicht zeigen, daß Prozesse mit stetigen Wahrscheinlichkeitsdichten, also Prozesse, für die die Wahrscheinlichkeiten des Auftretens zweier sich beliebig wenig voneinander unterscheidender Realisierungen ebenfalls beliebig wenig voneinander abweichen, unendlich viele, von Null verschiedene Momentenfunktionen $m_s(t_1, \ldots, t_s)$ oder $\mu_s(t_1, \ldots, t_s)$ besitzen müssen. Die n-dimensionale Wahrscheinlichkeitsdichte eines Zufallsprozesses mit verschwindenden Momentenfunktionen höherer als k-ter Ordnung stellt nämlich nach (3.18) unter Berücksichtigung der Beziehung

$$\frac{1}{2 \cdot \pi \cdot i} \int_{-i\infty}^{i\infty} p^\nu e^{p \cdot x_i} dp = (-1)^\nu \frac{\partial^\nu \delta(x_i)}{\partial x_i^\nu}$$

eine *endliche* Summe von Deltafunktionen und deren Ableitungen dar und ist somit unstetig. Natürlich bedeutet das nicht, daß eine stetige Wahrscheinlichkeitsdichtefunktion nicht durch eine endliche Reihe vom Typ

$$p_n(x_1, \ldots, x_n; t_1, \ldots, t_n) = \frac{1}{(2\pi i)^n} \int \cdots \int_{-i\infty}^{i\infty} e^{-p_1 x_1 - \cdots - p_n x_n}$$

$$\times \left[1 + \sum_{s=1}^{k} \frac{1}{s!} \sum_{r_1=1}^{n} \cdots \sum_{r_s=1}^{n} m_s(t_{r_1}, \ldots, t_{r_s}) p_{r_1} \cdots p_{r_s}\right] dp_1 \cdots dp_n$$

approximiert werden kann. Die approximierende Reihe kann lediglich erst für $k \to \infty$ gegen eine stetige Funktion streben.

Die normalverteilten Zufallsprozesse unterscheiden sich also durch ein Minimum statistischer Beschreibungsgrößen — Momenten- oder Korrelationsfunktionen — von allen anderen Zufallsprozessen mit stetigen Wahrscheinlichkeitsdichten.

Die Notwendigkeit der Angabe von nur zwei statistischen Beschreibungsgrößen hebt die GAUSSschen Prozesse unter allen anderen allgemeinen Zufallsprozessen besonders hervor und kennzeichnet sie als die „stochastischsten“ aller Zufallsprozesse, da das Auftreten höherer Korrelationsfunktionen zusätzliche Korrelationen mit sich bringt und damit den Zufallscharakter des Prozesses einengt.

7.1. Die n-dimensionale Gauß-Verteilung

Die Integraldarstellung (7.1) der Wahrscheinlichkeitsdichte des GAUSSschen Prozesses mit Hilfe der charakteristischen Funktion

$$h_n(p_1, \ldots, p_n) = \exp$$

$$\left[\sum_{r=1}^{n} k_1(t_r) p_r + \frac{1}{2} \sum_{r=1}^{n} \sum_{s=1}^{n} k_2(t_r, t_s)\, p_r \cdot p_s\right] \tag{7.2}$$

läßt sich leicht in den Originalbereich überführen.

Da derartige Integrationen häufig auftreten, soll dieser Schritt etwas ausführlicher behandelt werden.

Wir führen die Korrelationsmatrix $\boldsymbol{K}_2 = \{k_{i;j}\}_{n,n}$ ein[1]), deren Koeffizienten $k_{i;j}$ die Korrelationsfunktionen sind,

$$k_{i;j} = k_2(t_i, t_j) = k_2(t_j, t_i), \tag{7.3}$$

---

[1]) $\{a_{i;j}\}_{m,n}$ bezeichnet eine Matrix mit m Zeilen und n Spalten, wobei $a_{i;j}$ im Schnittpunkt der i-ten Zeile und j-ten Spalte steht. $\{a_{i;j}\}_{m,1}$ ist z. B. ein Spaltenvektor. Im Falle von Spalten- und Zeilenvektoren werden gewöhnlich nur die Zeilen- bzw. Spaltennummer als Koeffizientenindex angegeben, z. B. $\boldsymbol{B} = \{b_i\}_{1,n} = (b_{1j}, b_{2j}, \ldots, b_{nj})$ oder

$$\boldsymbol{C} = \{c_i\}_{n,1} = \begin{pmatrix} c_1 \\ c_2 \\ \vdots \\ c_n \end{pmatrix}$$

sowie die Spaltenvektoren $\boldsymbol{K}_1 = \{m_i\}_{n,1}$ mit $m_i = k_1(t_i)$, $\boldsymbol{x} = \{x_i\}_{n,1}$; $\boldsymbol{P} = \{p_i\}_{n,1}$ und $\Lambda = \{\lambda_i\}_{n,1}$ mit $p_i = i\lambda_i$. Außer p_i sind alle Matrix- oder Vektorkomponenten reelle Größen. Auf Grund der Symmetrie der Korrelationsfunktion gilt dabei

$$k_{i;j} = k_{j;i} \quad \text{bzw.} \quad \boldsymbol{K}_2 = \boldsymbol{K}_2^+,$$

wobei durch das Zeichen $^+$ hermitesche Konjugation (d. h. Transponierung und Übergang zu den komplex konjugierten Koeffizienten) einer Matrix oder eines Vektors ausgedrückt wird (z. B. ist $\boldsymbol{P}^+ = \{p_i^*\}_{1,n} = -i\{\lambda_i\}_{1,n} = -i\Lambda^+$).

Mit diesen Bezeichnungen läßt sich (7.1) bedeutend kompakter schreiben:

$$p_n(x_1, \ldots, x_n;\, t_1, \ldots, t_n)$$
$$= \frac{1}{(2\pi)^n} \int_{-\infty}^{\infty} \cdots \int \exp\left\{i\Lambda^+(\boldsymbol{K}_1 - \boldsymbol{x}) - \frac{1}{2}\Lambda^+\boldsymbol{K}_2\Lambda\right\} \mathrm{d}\lambda_1 \cdots \mathrm{d}\lambda_n. \tag{7.4}$$

Das n-fache Integral zerfällt in das Produkt von n Einzelintegralen, wenn man $\boldsymbol{K}_2$ mit Hilfe einer unitären Matrix $\boldsymbol{T}$ diagonalisiert[1]). Den Ausdruck im Exponenten von (7.4) kann man nämlich folgendermaßen umformen:

$$i\Lambda^+(\boldsymbol{K}_1 - \boldsymbol{x}) - \frac{1}{2}\Lambda^+\boldsymbol{K}_2\Lambda = i\Lambda^+\boldsymbol{T}\cdot\boldsymbol{T}^+(\boldsymbol{K}_1 - \boldsymbol{x})$$
$$- \frac{1}{2}\Lambda^+\boldsymbol{T}\cdot\boldsymbol{T}^+\boldsymbol{K}_2\boldsymbol{T}\cdot\boldsymbol{T}^+\Lambda = i\Omega^+\boldsymbol{R} - \frac{1}{2}\Omega^+\boldsymbol{D}\Omega$$

mit

$$\Omega = \boldsymbol{T}^+\Lambda; \quad \boldsymbol{R} = \boldsymbol{T}^+(\boldsymbol{K}_1 - \boldsymbol{x}) \tag{7.5}$$

und

$$\boldsymbol{D} = \boldsymbol{T}^+\boldsymbol{K}_2\boldsymbol{T}. \tag{7.6}$$

---

[1]) Eine unitäre Matrix $\boldsymbol{T}$ wird bekanntlich durch die Gleichungen $\boldsymbol{T}\cdot\boldsymbol{T}^+ = \boldsymbol{E}$ und Det $\boldsymbol{T} = 1$ definiert, wobei Det $\boldsymbol{T}$ die Determinante der Matrix $\boldsymbol{T}$ ist.

Die unitäre Matrix $\boldsymbol{T}$ wird so gewählt, daß $\boldsymbol{D}$ zu einer Diagonalmatrix wird,

$$\boldsymbol{D} = \{d_k \cdot \delta_{j;k}\}_{n,n}. \tag{7.7}$$

Die zu $\boldsymbol{D}$ inverse Matrix $\boldsymbol{D}^{-1}$ ist offensichtlich

$$\boldsymbol{D}^{-1} = \boldsymbol{T}^{+}\boldsymbol{K}_2^{-1}\boldsymbol{T} = \left\{\frac{1}{d_k} \cdot \delta_{j;k}\right\}_{n,n}, \tag{7.8}$$

wobei mit $\boldsymbol{K}_2^{-1}$ die Inverse von $\boldsymbol{K}_2$ bezeichnet wurde ($\boldsymbol{K}_2 \cdot \boldsymbol{K}_2^{-1} = \boldsymbol{E}$). Die Variablentransformation $\boldsymbol{\Omega} = \boldsymbol{T}^{+}\boldsymbol{\Lambda} = (\omega_1, \ldots, \omega_n)^T$ ist unitär, d. h., der Jakobian nimmt den Wert Eins an und $\mathrm{d}\lambda_1 \cdots \mathrm{d}\lambda_n = \mathrm{d}\omega_1 \cdots \mathrm{d}\omega_n$. Der Integralausdruck kann nun unter Beachtung der Diagonalität von $\boldsymbol{D}$ überführt werden in

$$\begin{aligned} &p_n(x_1, \ldots, x_n; t_1, \ldots, t_n) \\ &= \frac{1}{(2\pi)^n} \int_{-\infty}^{\infty} \cdots \int \exp\left\{i\boldsymbol{\Omega}^{+}\boldsymbol{R} - \frac{1}{2}\,\boldsymbol{\Omega}^{+}\boldsymbol{D}\boldsymbol{\Omega}\right\} \cdot \mathrm{d}\omega_1 \cdots \mathrm{d}\omega_n \\ &= \frac{1}{(2\pi)^n} \int_{-\infty}^{\infty} \cdots \int \exp\left\{\sum_{k=1}^{n}\left[i\omega_k \cdot r_k - \frac{1}{2}\,\omega_k^2 \cdot d_k\right]\right\} \mathrm{d}\omega_1 \cdots \mathrm{d}\omega_n \end{aligned} \tag{7.9}$$

und zerfällt in das Produkt von n Einzelintegralen der Art $\int_{-\infty}^{\infty} \exp\left\{-\frac{1}{2}\,\omega_k^2 d_k + i\omega_k r_k\right\} \mathrm{d}\omega$, die bekanntlich gleich $\sqrt{\frac{2\pi}{d_k}} \cdot \mathrm{e}^{-\frac{r_k^2}{2d_k}}$ sind. Folglich wird

$$\begin{aligned} &p_n(x_1, \ldots, x_n; t_1, \ldots, t_n) \\ &= \frac{1}{\sqrt{(2\pi)^n \cdot \prod_{k=1}^{n} d_k}} \cdot \exp\left\{-\frac{1}{2}\sum_{k=1}^{n} \frac{r_k^2}{d_k}\right\}. \end{aligned} \tag{7.10}$$

Zuerst sei bemerkt, daß

$$\operatorname{Det} \boldsymbol{D} = \prod_{k=1}^{n} d_k = \operatorname{Det} \boldsymbol{K}_2,$$

da ja Det $\boldsymbol{T} = 1$. Weiterhin hängt die Summe im Exponenten nicht von $\boldsymbol{T}$ ab, da nach den Umformungen

$$\sum_{k=1}^{n} \frac{r_k^2}{d_k} = \boldsymbol{R}^+ \cdot \boldsymbol{D}^{-1} \cdot \boldsymbol{R} = (\boldsymbol{K}_1 - \boldsymbol{x})^+ \cdot \boldsymbol{T} \cdot \boldsymbol{T}^+ \cdot \boldsymbol{K}_2^{-1} \cdot \boldsymbol{T}\boldsymbol{T}^+ (\boldsymbol{K}_1 - \boldsymbol{x})$$
$$= (\boldsymbol{K}_1 - \boldsymbol{x}) \cdot \boldsymbol{K}_2^{-1} (\boldsymbol{K}_1 - \boldsymbol{x})$$

$\boldsymbol{T} \cdot \boldsymbol{T}^+ = \boldsymbol{E}$ herausgekürzt werden kann. Die n-dimensionale GAUSS-Verteilung wird damit[1])

$$p_n(x_1, \ldots, x_n;\ t_1, \ldots, t_n)$$
$$= \frac{1}{\sqrt{(2\pi)^n \operatorname{Det} \boldsymbol{K}_2}} \exp\left\{-\frac{1}{2} (\boldsymbol{K}_1 - \boldsymbol{x})^+ \boldsymbol{K}_2^{-1} (\boldsymbol{K}_1 - \boldsymbol{x})\right\} \quad (7.11)$$

oder, wenn man die Koeffizienten $q_{i;j}$ der zu $\boldsymbol{K}_2$ inversen Matrix $\boldsymbol{Q} = \boldsymbol{K}_2^{-1}$ verwendet und die Summendarstellung im Exponenten heranzieht,

$$p_n(x_1, \ldots, x_n;\ t_1, \ldots, t_n)$$
$$= \sqrt{\frac{\operatorname{Det} \boldsymbol{Q}}{(2\pi)^n}} \exp\left\{-\frac{1}{2} \sum_{k;l=1}^{n}\sum \big(x_k - k_1(t_k)\big) \cdot q_{k;l} \big(x_l - k_1(t_l)\big)\right\}, \quad (7.12)$$

wobei

$$k_1(t_k) = \langle X(t_k) \rangle$$

die zeitabhängigen Mittelwerte sind und die $q_{i;j}$ von den Zeitmomenten $t_1, \ldots, t_n$ abhängen.

---

1) Aus (7.4) und (7.11) folgt bei $(\boldsymbol{K}_1 - \boldsymbol{x}) = 0$ die nützliche Beziehung

$$\int_{-\infty}^{\infty} \cdots \int e^{-\frac{1}{2} \boldsymbol{U}^+ \boldsymbol{A} \cdot \boldsymbol{U}}\, du_1 \ldots du_n = \sqrt{\frac{(2\pi)^n}{\operatorname{Det} \boldsymbol{A}}},$$

wobei n die Dimension des reellen Vektors $\boldsymbol{U}$ ist.

Der übersichtlicheren Schreibweise zuliebe geht man häufig zu den zentrierten Zufallsfunktionen über,

$$X_0(t) = X(t) - \langle X(t)\rangle = X(t) - k_1(t), \qquad (7.13)$$

und kann dann mit $x_{0,k} = x_0(t_k) = x_k - k_1(t_k)$ etwas gedrängter schreiben

$$p_n(x_1, \ldots, x_n; t_1, \ldots, t_n)$$
$$= \sqrt{\frac{\operatorname{Det} Q}{(2\pi)^n}} \exp\left\{-\frac{1}{2} \sum_{k;l=1}^{n}\sum x_{0,k} \cdot q_{k;l} x_{0,l}\right\}. \qquad (7.14)$$

Der Klammerausdruck im Exponenten von (7.14) stellt für beliebige $n \geqq 1$ eine quadratische Form dar.

Für die niederdimensionalen GAUSS-Verteilungen haben sich Schreibweisen eingebürgert, die geringfügig von (7.12) und (7.14) abweichen. So wird z. B. die 1-dimensionale GAUSS-Verteilung in der Form

$$p_1(x; t) = \frac{1}{\sqrt{2\pi}\,\sigma(t)} \cdot e^{-\frac{(x-k_1(t))^2}{2\sigma^2(t)}} \qquad (7.15)$$

angegeben $\big(k_2(t, t) = \sigma^2(t)\big)$. Sie stellt bekanntlich eine um $x = k_1(t)$ symmetrische, einhöckrige Kurve dar, die wie auch alle höherdimensionalen GAUSSschen Verteilungsdichten im Unendlichen gegen Null strebt. Im Falle $n = 2$ erhält man

$$p_2(x_1, x_2;\ t_1, t_2)$$
$$= \frac{\exp\left\{-\dfrac{\sigma^2(t_2)x_{0,1}^2 - 2k_2(t_1, t_2)\,x_{0,1} \cdot x_{0,2} + \sigma^2(t_1)x_{0,2}^2}{2\big(\sigma^2(t_1)\,\sigma^2(t_2) - k_2{}^2(t_1, t_2)\big)}\right\}}{2\pi\sqrt{\sigma^2(t_1)\,\sigma^2(t_2) - k_2{}^2(t_1, t_2)}}. \qquad (7.16)$$

Bei Stationarität des GAUSS-Prozesses werden Dispersion und natürlich auch die Mittelwerte zeitunabhängig, so daß unter Verwendung der normierten Korrelationsfunktion $R(\tau) = \sigma^{-2} \cdot k_2(t, t + \tau)$

$$p_2(x_1, x_2; t_2, t_1 + \tau) = \frac{1}{2\pi\sigma^2 \sqrt{1 - R^2(\tau)}} \cdot$$

$$\cdot \exp\left\{-\frac{x_{0,1}^2 - 2R(\tau)x_{0,1} \cdot x_{0,2} + x_{0,2}^2}{2\sigma^2(1 - R^2(\tau))}\right\}. \tag{7.17}$$

Das Maximum der Verteilung liegt bei $x_{0,1} = x_{0,2} = 0$ bzw. $x_1 = k_1(t_1)$; $x_2 = k_1(t_2)$. Analog wird im n-dimensionalen Fall das Maximum bei $x_{0,1} = x_{0,2} = \cdots = x_{0,n} = 0$ bzw. $x_1 = k_1(t_1), x_2 = k_1(t_2), \ldots, x_n = k_1(t_n)$ erreicht. Die wahrscheinlichste Realisierung eines GAUSS-Prozesses ist also sein Mittelwert.

7.2. Unkorreliertheit im Falle Gaußscher Prozesse

Für GAUSSsche Prozesse sind die Begriffe Unkorreliertheit und statistische Unabhängigkeit identisch. Sind nämlich die t_i so gewählt, daß die Abtastwerte $X(t_i)$ des Prozesses unkorreliert sind, d. h.

$$k_2(t_i; t_j) = k_2(t_i; t_i)\delta_{i;j} = \sigma^2(t_i)\delta_{i;j}, \tag{7.18}$$

so geht die Korrelationsmatrix in eine Diagonalmatrix über,

$$\boldsymbol{K}_2 = \{\delta_{i;j} \cdot \sigma^2(t_i)\}_{n,n},$$

deren Inverse leicht bestimmt werden kann:

$$\boldsymbol{Q} = \boldsymbol{K}_2^{-1} = \{\delta_{i;j} \cdot \sigma^{-2}(t_i)\}_{n;n}. \tag{7.19}$$

Die n-dimensionale Verteilung läßt sich dabei als das Produkt der eindimensionalen Verteilungen darstellen:

$$p_n(x_1, \ldots, x_n; t_1, \ldots, t_n)$$

$$= \prod_{k=1}^{n} \frac{1}{\sqrt{2\pi}\,\sigma(t_k)}\, e^{-\frac{(x_k - m_k)^2}{2\sigma^2(t_k)}} = \prod_{k=1}^{n} p_2(x_k; t_k). \tag{7.20}$$

Damit ist die notwendige und hinreichende Bedingung für die statistische Unabhängigkeit der $X(t_i)$ erfüllt. Die Abtastwerte sind also bei Unkorreliertheit voneinander statistisch unabhängig.

Diese Eigenschaft spielt eine wichtige Rolle z. B. bei der Anwendung des Samplingtheorems auf bandbreitenbegrenzte GAUSSsche Prozesse.

7.3. Die bedingte Wahrscheinlichkeit Gaußscher Prozesse

Betrachten wir einen GAUSS-Prozeß, der zu den Zeitpunkten $t_1, \ldots, t_m$ die fixierten Werte $x(t_1), \ldots, x(t_m)$ angenommen hat, und berechnen die $(n - m)$-dimensionale Wahrscheinlichkeit des Auftretens von weiteren $(n - m)$-Abtastwerten $X(t_{m+1}), \ldots, X(t_n)$ zu den Zeitpunkten $t_{m+1}, \ldots, t_n$, also die bedingte Wahrscheinlichkeit der $X(t_{m+1}), \ldots, X(t_n)$ bei fixierten $X(t_1), \ldots, X(t_m)$ (dabei muß nicht unbedingt vorausgesetzt werden, daß $t_1 < t_2 < \cdots < t_{n-1} < t_n$, sondern es kann jeder beliebige Satz von Abtastzeitpunkten zugelassen werden).

Nach (2.25) ist die bedingte Wahrscheinlichkeit gleich

$$p_{n-m}(x_{m+1}, \ldots, x_n; t_{m+1}, \ldots, t_n / x_1, \ldots, x_m; t_1, \ldots, t_m)$$
$$= \frac{p_n(x_1, \ldots, x_n;\ t_1, \ldots, t_n)}{p_m(x_1, \ldots, x_m;\ t_1, \ldots, t_m)}.$$

Führt man die Vektoren und Matrizen

$$\boldsymbol{x}_{0,m} = \{x_i - k_1(t_i)\}_{m,1}; \quad \boldsymbol{x}_{0,(n-m)} = \{x_{m+i} - k_1(t_{m+i})\}_{n-m,1};$$
$$\boldsymbol{x}_{0,n} = \{x_i - k_1(t_i)\}_{n,1}, \tag{7.21}$$

$$\boldsymbol{K}_2 = \{k_{i;j}\}_{n,n} = \begin{Bmatrix} \{k_{i;j}\}_{m,m} & \{k_{i;m+j}\}_{m,(n-m)} \\ \{k_{m+i;j}\}_{(n-m),m} & \{k_{m+i;m+j}\}_{(n-m);(n-m)} \end{Bmatrix}_{n,n}$$
$$= \begin{Bmatrix} \boldsymbol{K}_{2,m,m} & \boldsymbol{K}_{2,m,(n-m)} \\ \boldsymbol{K}^{+}_{2,m,(n-m)} & \boldsymbol{K}_{2,(n-m),(n-m)} \end{Bmatrix} \tag{7.22}$$

ein, so läßt sich die bedingte Wahrscheinlichkeit unter Berücksichtigung von (7.11) ausdrücken durch

$$p_{(n-m)}\,(x^T_{0,(n-m)}/x^T_{0,m}) = \frac{p_n(x^T_{0,m}, x^T_{0,(n-m)})}{p_m(x^T_{0,m})}$$

$$= \sqrt{\frac{(2\pi)^m \operatorname{Det} K_{2,m,m}}{(2\pi)^n \operatorname{Det} K_2}}\;\frac{e^{-\frac{1}{2}x^+_{0,n} K_2^{-1} x_{0,n}}}{e^{-\frac{1}{2}x^+_{0,m} K^{-1}_{2m,m} x_{0,m}}}, \qquad (7.23)$$

wobei der n-dimensionale Vektor $x_{0,n}$ in zwei Vektoren $x_{0,m}$ und $x_{0,(n-m)}$, sowie die Matrix K_2 entsprechend in die Untermatrizen $K_{2,m,m} = \{k_{i;j}\}_{m,m}$; $K_{2,(n-m),(n-m)} = \{k_{m+i;m+j}\}_{(n-m),(n-m)}$ und $K_{2,m,(n-m)} = \{k_{i;m+j}\}_{m,(n-m)}$ aufgespalten wurden. Dabei gilt auf Grund der Beziehung $K_2 = K_2{}^+$

$$K^+_{2,m,(n-m)} = \{k_{i;m+j}\}^+_{m,(n-m)} = \{k_{m+i;j}\}_{(n-m),m} \qquad (7.24)$$

sowie

$$K^+_{2,m,m} = K_{2,m,m};\; K^+_{2,(n-m),(n-m)} = K_{2,(n-m),(n-m)}.$$

Der Ausdruck $[x^+_{0,n}K_2^{-1} \cdot x_{0,n} - x^+_{0,m} \cdot K^{-1}_{0,m,m} \cdot x_{0,m}]$ kann umgeformt werden, wenn man $Q = K_2^{-1}$ in der gleichen Art wie K_2 als Hypermatrix darstellt. Es gilt $K_2 \cdot Q = E$ bzw.

$$\begin{pmatrix} K_{2,m,m} & K_{2,m,(n-m)} \\ K^+_{2,(n-m),m} & K_{2,(n-m),(n-m)} \end{pmatrix} \cdot \begin{pmatrix} Q_{m,m} & Q_{m,(n-m)} \\ Q^+_{m,(n-m)} & Q_{(n-m),(n-m)} \end{pmatrix}$$

$$= E = \{\delta_{i,j}\}_{n,n}. \qquad (7.25)$$

Nach Auflösung dieser Gleichung gewinnt man die benötigten Beziehungen

$$K^{-1}_{2,m,m} = Q_{m,m} - Q_{m,(n-m)}\, Q^{-1}_{(n-m),(n-m)}\, Q^+_{m,(n-m)}, \qquad (7.26)$$

$$K^+_{2,m,(n-m)}\, K^{-1}_{2,m,m} = -Q^{-1}_{(n-m),(n-m)} \cdot Q^+_{m,(n-m)} \qquad (7.27)$$

und

$$\boldsymbol{Q}_{(n-m),(n-m)}$$
$$= (\boldsymbol{K}_{2,(n-m),(n-m)} - \boldsymbol{K}^{+}_{2,m,(n-m)} \cdot \boldsymbol{K}^{-1}_{2,m,m} \cdot \boldsymbol{K}_{2,m,(n-m)})^{-1}. \quad (7.28)$$

Unter Verwendung von $\boldsymbol{K}_2^{-1} = \boldsymbol{Q}$ und (7.25) läßt sich der Exponentialausdruck in (7.23) auf die Form

$$(\boldsymbol{x}_{0,(n-m)} + \boldsymbol{Q}^{-1}_{(n-m),(n-m)} \boldsymbol{Q}^{+}_{m,(n-m)} \boldsymbol{x}_{0,m})^{+}$$
$$\times \boldsymbol{Q}_{(n-m),(n-m)} \cdot (\boldsymbol{x}_{0,(n-m)} + \boldsymbol{Q}^{-1}_{(n-m),(n-m)} \cdot \boldsymbol{Q}^{+}_{m,(n-m)} \boldsymbol{x}_{0,m})$$

bringen bzw. unter Berücksichtigung von (7.27) und (7.28)

$$\boldsymbol{x}^{+}_{0,n} \boldsymbol{K}_2^{-1} \boldsymbol{x}_{0,n} - \boldsymbol{x}^{+}_{0,m} \boldsymbol{K}^{-1}_{2,m,m} \boldsymbol{x}_{0,m}$$
$$= (\boldsymbol{x}_{0,n} - \boldsymbol{K}^{+}_{2,m,(n-m)} \boldsymbol{K}^{-1}_{2,m,m} \boldsymbol{x}_{0,m})^{+}$$
$$\times (\boldsymbol{K}_{2,(n-m),(n-m)} - \boldsymbol{K}^{+}_{2,m,(n-m)} \boldsymbol{K}^{-1}_{2,m,m} \boldsymbol{K}_{2,m,(n-m)})^{-1}$$
$$\times (\boldsymbol{x}_{0,n} - \boldsymbol{K}^{+}_{2,m,(n-m)} \boldsymbol{K}^{-1}_{2,m,m} \boldsymbol{x}_{0,m}).$$

Der Vorfaktor $\sqrt{(2\pi)^{n-m} \operatorname{Det} \boldsymbol{K}_{2,m,m} \cdot \operatorname{Det}^{-1} \boldsymbol{K}_2}$ kann direkt errechnet werden, indem man die einzelnen Matrizen diagonalisiert. Dazu besteht aber gar keine Notwendigkeit, da die Normierungsbedingung für die bedingte Wahrscheinlichkeit den Vorfaktor sofort auf den Wert $\sqrt{(2\pi)^{(n-m)} \operatorname{Det} \boldsymbol{Q}_{(n-m),(n-m)}}$ festlegt.

Die bedingte Wahrscheinlichkeit eines Gaussschen Prozesses wird somit durch die Formel

$$p_{n-m}(\boldsymbol{x}^{T}_{n-m}/\boldsymbol{x}_m{}^{T})$$
$$= \frac{\exp\left[-\frac{1}{2}(\boldsymbol{x}_{0,(n-m)} - \boldsymbol{K}^{+}_{2,m,(n-m)} \cdot \boldsymbol{K}^{-1}_{2,m,m} \cdot \boldsymbol{x}_{0,m})^{+} (\boldsymbol{K}_{2,(n-m),(n-m)}\right.}{\sqrt{(2\pi)^{(n-m)}}}$$
$$\frac{\left.- \boldsymbol{K}^{+}_{2,m,(n-m)} \boldsymbol{K}^{-1}_{2,m,m} \boldsymbol{K}_{2,m,(n-m)})^{-1} \boldsymbol{x}_{0,(n-m)} \boldsymbol{K}^{+}_{2,m,(n-m)} \cdot \boldsymbol{K}^{-1}_{2,m,m} \cdot \boldsymbol{x}_{0,m})\right]}{\sqrt{\boldsymbol{K}_{2,(n-m),(n-m)} - \boldsymbol{K}^{+}_{2,m,(n-m)} \boldsymbol{K}^{-1}_{2,m,m} \cdot \boldsymbol{K}_{2,m,(n-m)}}} \quad (7.29)$$

beschrieben und stellt wieder eine Gauss-Verteilung dar.

Man sieht, daß der Vektor der bedingten Mittelwerte

$$\langle \boldsymbol{X}_{(n-m)}/\boldsymbol{x}_m \rangle = \boldsymbol{K}_{1,(n-m)} + \boldsymbol{K}^+_{2,m,(n-m)} \boldsymbol{K}^{-1}_{2,m,m} (\boldsymbol{x}_m - \boldsymbol{K}_{1,m}) \quad (7.30)$$

vom Wert der fixierten Abtastgrößen $\boldsymbol{x}_m$ und ihrer Korrelationsmatrix $\boldsymbol{K}_{2,m,m}$ abhängt. Die bedingte Korrelationsmatrix $\boldsymbol{K}'_{2,(n-m),(n-m)}$, deren Elemente die bedingten Korrelationsfunktionen $\langle X_0(t_i) \cdot X_0(t_j)/\boldsymbol{X}_m \rangle$ $(m < i; j < n)$ sind, wird ebenfalls über die Korrelation zwischen den fixierten Abtastwerten und den Zufallsvariablen $X(t_{m+1}), \ldots, X(t_n)$ von der Korrelationsmatrix der fixierten Werte beeinflußt:

$$\boldsymbol{K}'_{2,(n-m),(n-m)} = \boldsymbol{K}_{2,(n-m),(n-m)} - \boldsymbol{K}^+_{2,m,(n-m)} \boldsymbol{K}^{-1}_{2,m,m} \cdot \boldsymbol{K}_{2,m,(n-m)} \quad (7.31)$$

oder

$$k_2'(t_i, t_j) = k_2(t_i, t_j) - \sum_{s_1=1}^{m} \sum_{s_2=1}^{m} k_2(t_i, t_{s_1}) \cdot q_{s_1;s_2} \cdot k_2(t_{s_2}, t_j)$$

$$(\boldsymbol{K}^{-1}_{2,m,m} = \{q_{i;j}\}_{m,m}).$$

Wichtig ist, daß der bedingte Prozeß, der aus einem stationären GAUSS-Prozeß durch Fixierung bestimmter Abtastwerte abgeleitet wird, zwar gaußsch bleibt, im allgemeinen aber nicht mehr stationär ist.

Für $n = 3$ und $m = 1$ erhält man z. B. den bedingten Mittelwert zu

$$\langle X(t)/x(t_2) \rangle = k_1 + k_2(t - t_1) \, [x(t_1) - k_1] \quad (7.32)$$

und die bedingte Korrelationsfunktion

$$\langle X_0(t_3) \cdot X_0(t_2)/x(t_1) \rangle = k_2(t_3 - t_2) - \frac{k_2(t_3 - t_1) k_2(t_3 - t_2)}{k_2(0)}, \quad (7.33)$$

die nicht nur von der Differenz $t_3 - t_2$, sondern ebenfalls von $t_3 - t_1$ abhängt. Die bedingte Streuung

$$\langle X_0^2(t)/x(t_2) \rangle = k_2(0) - k_2(t - t_1) \quad (7.34)$$

strebt für $t \to t_1$ gegen Null, was natürlich mit der physikalischen Vorstellung übereinstimmt, die ja das Verschwinden der Streuung beim Übergang einer Zufallsvariablen in eine determinierte Größe erwarten läßt.

7.4. Linearkombinationen gaußverteilter Zufallsgrößen

Eine häufig benutzte Eigenschaft gaußverteilter Zufallsgrößen besteht darin, daß beliebige Linearkombinationen dieser Variablen wieder normalverteilt sind.

Betrachten wir zuerst m verschiedene Linearkombinationen $Y(\tau_j)$ $(j = 1, 2, \ldots, m)$ von Abtastwerten eines beliebigen Zufallsprozesses $X(t)$

$$Y(\tau_j) = Y_j = \sum_{s=1}^{n} G(t_s, \tau_j)\, X(t_s) = \sum_{s=1}^{n} G_{s;j} \cdot X_s,$$

$$j = 1, 2, \ldots, m, \tag{7.35}$$

wobei die Koeffizienten $G_{s;j}$ im Hinblick auf den späteren Grenzübergang zum Integral Abtastwerte der Gewichtsfunktion $G(t, \tau)$ darstellen sollen.

Um die gemeinsame Verteilung der $Y_1, \ldots, Y_m$ zu finden, zieht man zweckmäßigerweise die gleich an diesem Beispiel zu demonstrierende Methode der charakteristischen Funktionen heran.

Die m-dimensionale charakteristische Funktion der Zufallsgrößen $Y_1, \ldots, Y_m$ ist nach (3.1)

$$h_{y,m}(q_1, \ldots, q_m) = \langle e^{q_1 Y_1 + \cdots + q_m Y_m} \rangle$$

$$= \left\langle e^{q_1 \sum\limits_{s=1}^{n} G_{s,1} X_s + \cdots + q_m \sum\limits_{s=1}^{n} G_{s,m} X_s} \right\rangle$$

$$= \int_{-\infty}^{\infty} \cdots \int e^{\sum\limits_{j=1}^{m} q_j \sum\limits_{s=1}^{n} G_{s,j} X_s}\, p_n(x_1, \ldots, x_n)\, dx_1 \ldots dx_n. \tag{7.36}$$

Andererseits gilt für die n-dimensionale charakteristische Funktion der Zufallsgrößen $X_1, \ldots, X_n$

$$h_{x,n}(p_1, \ldots, p_n) = \int_{-\infty}^{\infty} \cdots \int e^{\sum_{s=1}^{n} p_s x_s} p_n(x_1, \ldots, x_n) \, dx_1 \ldots dx_n. \tag{7.37}$$

Ein Vergleich beider Ausdrücke zeigt, daß für $p_s = \sum_{j=1}^{m} G_{s;j} q_j$ die rechten Seiten identisch sind, d. h.

$$h_{y,m}(q_1, \ldots, q_m) = h_{x,n}\left(\sum_{j=1}^{m} G_{1;j} q_j, \ldots, \sum_{j=1}^{m} G_{n,j} q_j\right). \tag{7.38}$$

Aus dieser Gleichung lassen sich nun die gesuchten Beziehungen zwischen den Korrelationskoeffizienten $k_{y,s}(\tau_{r_1}, \ldots, \tau_{r_s})$ der Zufallsgrößen $Y_j = Y(\tau_j)$ und den Korrelationsfunktionen $k_{x,s}(t_{r_1}, \ldots, t_{r_s})$ des erzeugenden Prozesses $X(t)$ ableiten. Dazu muß lediglich die Darstellung (3.34) der charakteristischen Funktion herangezogen und anstelle der p_{r_k} in Übereinstimmung mit (7.38) die Summe $\sum_{j=1}^{m} G_{r_k;j} q_j$ substituiert werden:

$$\begin{aligned} h_{y,m}(q_1, \ldots, q_m) &= \exp \sum_{s=1}^{\infty} \frac{1}{s!} \sum_{r_1=1}^{n} \cdots \sum_{r_s=1}^{n} k_{x,s}(t_{r_1}, \ldots, t_{r_s}) \\ &\quad \times \sum_{j_1=1}^{m} G_{r_1;j_1} q_{j_1} \cdot \sum_{j_2=1}^{m} G_{r_2;j_2} q_{j_2} \cdots \sum_{j_s=1}^{m} G_{r_s;j_s} q_{j_s} \\ &= \exp \sum_{s=1}^{\infty} \frac{1}{s!} \sum_{j_1=1}^{m} \cdots \sum_{j_s=1}^{m} \\ &\quad \times \left[\sum_{r_1=1}^{n} \cdots \sum_{r_s=1}^{n} G_{r_1;j_1} \cdot G_{r_2;j_2} \cdots G_{r_s;j_s} \cdot k_{x,s}(t_{r_1} \ldots t_{r_s})\right] q_{j_1} \cdots q_{j_s}. \end{aligned} \tag{7.39}$$

Diese Darstellung entspricht der Zerlegung der charakteristischen Funktion $h_{y,m}(q_1, \ldots, q_m)$ analog zu (3.34).

Die in der Klammer stehenden Ausdrücke sind die Korrelationskoeffizienten der Y_j

$$k_{y,s}(\tau_{j_1}, \ldots, \tau_{j_s}) = \sum_{r_1=1}^{n} \cdots \sum_{r_s=1}^{n} G_{r_1;j_1} \cdot \ldots \cdot G_{r_s;j_s} \cdot k_{x,s}(t_{r_1}, \ldots, t_{r_s}). \tag{7.40}$$

Der Korrelationskoeffizient s-ter Ordnung der durch Linearkombinationen aus einem Satz anderer Zufallsvariabler X_i gewonnenen Zufallsgrößen Y_i wird also nur durch den Korrelationskoeffizienten (bzw. die Korrelationsfunktion) s-ter Ordnung der erzeugenden Variablen X_i bestimmt.

Für gaußverteilte Variable verschwinden alle $k_{x,s}$ für $s > 2$. Das bedeutet, daß die Y_j ebenfalls gaußverteilte Größen darstellen, was zu zeigen war.

Gehen wir nun zur Integraltransformation über. Dazu setzen wir in (7.35) $G(t_s, \tau_j) = g(t_s, \tau_j)\, \Delta t_s$ mit $\Delta t_s = t_s - t_{s-1}$. Für $\Delta t_s \to 0$ und $n \to \infty$ so, daß $\sum_{s=1}^{n} \Delta t_s = T = \text{const}$, erhält man aus (7.35) die Integrale

$$Y(\tau_j) = \int_{t_0}^{t_0+T} g(t, \tau_j)\, X(t)\, \mathrm{d}t = \lim_{\substack{\Delta t_s \to 0 \\ n \to \infty}} \sum_{s=1}^{n} g(t_s, \tau_j)\, X(t_s)\, \Delta t_s \tag{7.41}$$

und nach (7.40) die ersten beiden Korrelationsfunktionen

$$k_{1,y}(\tau) = \int_{t_0}^{t_0+T} g(\tau, t)\, k_{1,x}(t)\, \mathrm{d}t, \tag{7.42}$$

$$k_{2,y}(\tau, \tau') = \int_{t_0}^{t_0+T} \int_{t_0}^{t_0+T} g(\tau, t)\, g(\tau', t')\, k_{2,x}(t; t')\, \mathrm{d}t\, \mathrm{d}t'. \tag{7.43}$$

Da $X(t)$ voraussetzungsgemäß gaußsch ist, verschwinden alle $k_{x,s}$ und demzufolge alle $k_{y,s}$ für $s > 2$.

7.5. Das weiße Gaußsche Rauschen

Bei der Behandlung weißer Rauschprozesse treten mitunter Schwierigkeiten auf, die mit der unendlichen Streuung derartiger Prozesse zusammenhängen. Die in Kap. 4 angegebene Definition z. B. für die Konvergenz im quadratischen Mittel zeigt nämlich, daß infolge des Deltaanteils in der Korrelationsfunktion die weißen Zufallsprozesse mit Wahrscheinlichkeit Eins unstetig sind und deshalb nur mit Vorsicht wie gewöhnliche Funktionen behandelt werden können. Die dabei auftretenden Schwierigkeiten kann man umgehen, indem man ähnlich den verallgemeinerten Funktionen verallgemeinerte Zufallsprozesse einführt [7].

Für unsere Zwecke ist jedoch eine weniger strenge Behandlungsweise völlig hinreichend. Wir bemerken zuerst, daß infolge der Unkorreliertheit zweier beliebig dicht beieinanderliegender Samplingwerte des weißen GAUSSschen Rauschens $\xi(t)$ $\left(k_{2,\xi}(t, t') = r(t)\,\delta(t - t')\right)$ mit (7.20) gilt

$$p_n(\xi_n; t_n; \xi_{n-1}; t_{n-1}; \ldots; \xi_1; t_1) = \prod_{i=1}^{n} p_1(\xi_i; t_i). \quad (7.44)$$

Die bedingte Wahrscheinlichkeit $p_1(\xi_n/\xi_{n-1}, \xi_{n-2}, \ldots, \xi_1)$ hängt demzufolge nicht mehr von den vorhergehenden Werten $\xi_{n-1}, \ldots, \xi_1$ ab:

$$p_1(\xi_n; t_n/\xi_{n-1}; t_{n-1}; \ldots; \xi_1; t_1) = p_1(\xi_n; t_n). \quad (7.45)$$

Wir haben es hier mit einem Prozeß zu tun, dessen gegenwärtiger Zustand nicht mehr von der Vergangenheit beeinflußt wird.

Betrachten wir nun an Stelle des weißen GAUSSschen Rauschens $\xi(t)$ mit der Korrelationsfunktion $k_{2,\xi}(t, t') = r(t)\,\delta(t - t')$ die allgemeine Zufallsfolge

$$Y(t_i) = Y_i = \frac{1}{\Delta t} \int_{t_i}^{t_i + \Delta t} \xi(t)\,\mathrm{d}t, \quad (7.46)$$

die innerhalb der Intervalle $t_i - t_{i-1} = \Delta t (t_0 < t_1 < \ldots < t_n = t_0 + n\Delta t)$ konstante Werte annimmt und zu den Zeitpunkten t_i sprunghafte Änderungen erfährt. Für $\Delta t \to 0$ strebt $Y(t_i)$ offensichtlich gegen $\xi(t_i)$. Die Größen Y_i sind natürlich wieder gaußverteilt und besitzen die Mittelwerte

$$m_i = \langle Y_i \rangle = \frac{1}{\Delta t} \int_{t_i}^{t_i+\Delta t} m_1(t)\,\mathrm{d}t \tag{7.47}$$

sowie Korrelationskoeffizienten

$$k_{2,y}(t_i, t_j) = \langle Y_{i0} \cdot Y_{j0} \rangle$$

$$= \frac{1}{(\Delta t)^2} \int_{t_i}^{t_i+\Delta t} \int_{t_j}^{t_j+\Delta t} r(t) \cdot \delta(t - t')\,\mathrm{d}t\,\mathrm{d}t' = \frac{\delta_{i,j}}{(\Delta t)^2} \int_{t_i}^{t_i+\Delta t} r(t)\,\mathrm{d}t$$

bzw. mit

$$R_i = \frac{1}{\Delta t} \int_{t_i}^{t_i+\Delta t} r(t)\,\mathrm{d}t \tag{7.48}$$

$$k_{2,y}(t_i, t_j) = \frac{R_i}{\Delta t}\,\delta_{i,j}.$$

(Für $i \neq j$ wird nur über Bereiche der Deltafunktion integriert, innerhalb deren $t \neq t'$ bzw. $\delta(t - t') = 0$).

Die Y_i sind für beliebig kleine Δt unkorreliert und damit unabhängig. Ihre Verbundwahrscheinlichkeit ist demzufolge

$$p_n(y_1, \ldots, y_n) = C(\Delta t)\,\mathrm{e}^{-\frac{1}{2} \sum\limits_{i=0}^{n-1} \frac{(y_i - m_i)^2}{R_i} \Delta t}. \tag{7.49}$$

Die Konstante $C(\Delta t) = \left[(2\pi)^n \prod\limits_{i=0}^{n-1} R_i \right]^{-\frac{1}{2}} \cdot (\Delta t)^{\frac{n}{2}}$ ergibt sich für beliebige Δt aus der Normierungsbedingung.

Sind $r(t)$ und $m_1(t)$ stetige Funktionen, so gilt mit (7.47) und (7.48) nach dem Mittelwertsatz der Integralrechnung

$$m_i = m_1(t_i + \theta_i),$$

$$R_i = r(t_i + \theta_i').$$

Dabei genügen θ_i und θ_i' den Ungleichungen

$$0 \leqq \theta_i ; \theta_i' \leqq \Delta t.$$

Die Realisierungen des weißen GAUSSschen Rauschens $\xi(t)$ sind mit Wahrscheinlichkeit Eins nicht stetig, so daß die Anwendung des Mittelwertsatzes auf (7.46), die uns die Beziehung

$$Y_i = Y(t_i) = \xi(t_i + \theta_i'')$$

liefern würde, an und für sich unzulässig ist. Man kann diese Schwierigkeit jedoch umgehen, indem man einen fast weißen stetigen Rauschprozeß $\xi_h(t)$ betrachtet, dessen Korrelationsfunktion

$$k_{2,\xi_h}(t, t') = \frac{h}{\sqrt{\pi}} \, e^{-h^2(t-t')} \cdot r(t)$$

für $h \to \infty$ gegen $r(t)\delta(t - t')$ strebt. Für diesen Prozeß behält die Gleichung $Y_i = \xi_n(t_i + \theta_i'')$ ihre Gültigkeit, und mit (7.49) können wir schreiben

$$p_n(\xi_{h,1}, \ldots, \xi_{h,n}; t_1 + \theta'', \ldots, t_{n-1} + \theta_{n-1}'') = C(\Delta t)$$
$$\exp\left[-\frac{1}{2} \sum_{i=0}^{n-1} \frac{[\xi_n(t_i + \theta_i'') - m_1(t_i + \theta_i)]^2}{r(t_i + \theta_i')} \Delta t + O(\Delta t^2)\right].$$

Für $\Delta t \to 0$ und $h \to \infty$ strebt $\xi_h(t)$ gegen den weißen Rauschprozeß $\xi(t)$, der letzte Ausdruck geht dabei in das Wahrscheinlichkeitsfunktional $p_\infty[\xi(t)]$ über,

$$p_\infty[\xi(t)] = C(0) \exp\left[-\frac{1}{2} \int_{t_0}^{t_0+T} \frac{[\xi(t) - m_1(t)]^2}{r(t)} \, dt\right]. \qquad (7.50)$$

Die Konstante $C(0)$ läßt sich nicht ohne weiteres ausrechnen, da die Normierungsbedingung

$$\int p_\infty[\xi(t)]\,\mathrm{d}\xi(t) = 1 \tag{7.51}$$

durch Integration im Raum aller $\xi(t)$ festgelegt wird. Für unsere Zwecke genügt aber (7.50) vollauf, da uns bei allen praktischen Anwendungen der Wert der Konstanten nicht interessiert.

7.6. Wahrscheinlichkeitsfunktional eines Gaußschen Prozesses

Der allgemeine Gaussche Prozeß mit der Korrelationsfunktion $k_{2,x}(t, t')$ wird im Intervall $[t_0, t_0 + T]$ vollständig durch das Wahrscheinlichkeitsfunktional

$$p_\infty[x(t)] = C \exp\left[-\frac{1}{2}\int\limits_{t_0}^{t_0+T}\int\limits_{t_0}^{t_0+T}[x(t)-m_1(t)]\,g(t,t')\,[x(t')-m_1(t')]\,\mathrm{d}t\,\mathrm{d}t'\right] \tag{7.52}$$

beschrieben, wobei $g(t, t')$ der Integralgleichung

$$\int\limits_{t_0}^{t_0+T} k_{2,x}(t', s)\, g(s, t)\,\mathrm{d}s = \delta(t - t') \tag{7.53}$$

genügt.

Der Beweis für diese Aussage soll nur angedeutet werden: Nach (7.14) ist die n-dimensionale Verteilungsdichte eines Gauss-Prozesses gleich

$$p_n(x_1, \ldots, x_n; t_1, \ldots, t_n) = \sqrt{\frac{\operatorname{Det} \boldsymbol{Q}}{(2\pi)^n}} \exp\left[-\frac{1}{2}\sum_{i,j=1}^{n} x_{0,i}\, q_{i,j}\, x_{0,j}\right] \tag{7.54}$$

mit $x_{0,i} = x_i - m(t_i)$. $\boldsymbol{Q}$ ist die zur Korrelationsmatrix $\boldsymbol{K}_2$ inverse Matrix, also

$$\sum_{j=1}^{n} k_2(t_i, t_j)\, q_{j;k} = \delta_{i,k}. \tag{7.55}$$

Setzt man der Einfachheit halber voraus, daß die Abtastzeitpunkte des Prozesses äquidistant sind und innerhalb des Zeitintervalls $[t_0, t_0 + T]$ liegen,

$$t_i = t_0 + i\Delta, \tag{7.56}$$

und teilt (7.55) durch Δ, so gilt

$$\sum_{j=1}^{n} k_2(t_i, t_j) \cdot \frac{q_{j;k}}{\Delta^2} \cdot \Delta = \frac{\delta_{i,k}}{\Delta}. \tag{7.57}$$

Unter der Annahme, daß $\lim\limits_{\Delta\to 0} \dfrac{q_{j,k}}{\Delta^2}$ existiert, kann der Grenzübergang $n \to \infty$ und $\Delta \to 0$ durchgeführt werden, und man erhält mit

$$\lim_{\Delta\to 0} \frac{q_{j,k}}{\Delta^2} = g(t_j, t_k) \tag{7.58}$$

die Integralgleichung

$$\int_{t_0}^{t_0+T} k_2(t, s)\, g(s, t')\, \mathrm{d}s = \delta(t - t'),$$

da

$$\lim_{\Delta\to 0} \frac{\delta_{j,k}}{\Delta} = \delta(t_j - t_k). \tag{7.59}$$

Die Doppelsumme im Exponenten von (7.54) strebt dabei infolge von

$$\lim_{\substack{\Delta\to 0\\ n\to\infty}} \sum_{i,j=1}^{n} x_{0,i} \cdot \frac{q_{i;j}}{\Delta^2} \cdot x_{0,j} \cdot \Delta^2 = \iint_{t_0}^{t_0+T} x_0(t)\, g(t,t')\, x_0(t')\, \mathrm{d}t\, \mathrm{d}t'$$

gegen den in (7.52) figurierenden Ausdruck.

Etwas korrekter kann man das Wahrscheinlichkeitsfunktional (7.52) ableiten, indem man vom Funktional (7.50) für weißes GAUSSsches Rauschen ausgeht und den nichtweißen GAUSSschen Prozeß mit Hilfe der kanonischen Integraldarstellung (6.32) durch einen weißen GAUSS-Prozeß $\xi(\tau)$ ausdrückt.

Übrigens erhält man natürlich aus (7.52) für weißes Rauschen sofort das Funktional (7.50), da mit (7.53) die Gewichtsfunktion für weißes Rauschen einen Deltaanteil besitzt: $g_\xi(t,t') = \dfrac{\delta(t-t')}{r(t)}$, so daß die Integration über t' in (7.52) durchgeführt werden kann.

Das GAUSSsche Wahrscheinlichkeitsfunktional spielt in der Optimaldemodulationstheorie eine große Rolle, da das Störrauschen, welches dem zu demodulierendem Signal überlagert ist, häufig durch weiße oder farbige (nichtweiße) GAUSSsche Zufallsprozesse approximiert werden kann.

7.7. Wiener-Prozeß und weißes Gaußsches Rauschen

Der WIENER-Prozeß oder BROWNsche Bewegungsprozeß stellt einen Sonderfall der breiteren Klasse von Prozessen mit unabhängigen Zuwächsen dar und spielt in der Theorie der MARKOV-Prozesse (Kap. 8) eine fundamentale Rolle.

$X(t)$ $(t_0 \leqq t \leqq t_n = t_0 + T)$ ist ein Prozeß mit unabhängigen (oder orthogonalen) Zuwächsen, wenn die Zufallsvariablen $X(t_1) - X(t_0)$, $X(t_2) - X(t_1)$, ..., $X(t_n) - X(t_{n-1})$ für $t_0 < t_1 < \cdots < t_n$ statistisch voneinander unabhängig sind. Hängt die Wahrscheinlichkeitsdichte der $Z_i = X(t_i) - X(t_{i-1})$ nur von den Zeitdifferenzen $t_i - t_{i-1}$ ab, so spricht man von Prozessen mit homogenen Zuwächsen.

Der WIENER-Prozeß $\eta(t)$ ist nun ein Prozeß mit homogenen unabhängigen Zuwächsen, der durch die bedingte

Wahrscheinlichkeitsdichte

$$p_2(\eta, t/\eta', t') = \frac{1}{\sqrt{2\pi a^2(t-t')}} \, e^{-\frac{(\eta-\eta')^2}{2a^2(t-t')}} \tag{7.60}$$

beschrieben wird ($t' < t$). Die bedingte Verteilung (7.60) des Prozesses $\eta(t)$ ist offensichtlich gleichzeitig die (unbedingte) Verteilung des Zuwachses $Z = \eta(t) - \eta(t')$, da mit $p_3(\eta, \eta', z) = p_1(z/\eta, \eta') \cdot p_2(\eta, \eta')$

$$p_1(z) = \int\int_{-\infty}^{\infty} p_1(\eta, \eta', t, t') \, \delta[z - (\eta - \eta')] \, d\eta \, d\eta'$$

$$= \int_{-\infty}^{\infty} p_1(z + \eta'/\eta') \, p_1(\eta') \, d\eta'$$

und $p_1\,(z + \eta'/\eta')$ nach (7.60) nicht von η' abhängt, so daß über η' integriert werden kann und

$$p_1(\eta, t/\eta', t') = p_1(\eta - \eta', t, t') = p_1(z). \tag{7.61}$$

Der Mittelwert der Zuwächse ist also Null und ihre Streuung

$$\langle[\eta(t) - \eta(t')]^2\rangle = a^2(t - t'). \tag{7.62}$$

η_0 sei der Wert, den der Prozeß zum Zeitpunkt t_0 angenommen hat. Gewöhnlich wird bei der Definition des WIENER-Prozesses $\eta_0 = 0$ und außerdem $a^2 = 1$ gesetzt, was einer Verschiebung und Maßstabsänderung des Prozesses gleichkommt, von der wir hier nicht Gebrauch machen.

Uns interessiert jetzt die n-dimensionale Verteilung der $\eta(t_i)$ $(i = 1, 2, \ldots, n)$ bei fixiertem $\eta(t_0) = \eta_0$ $(t_0 < t_1 < t_2 < \cdots < t_n)$, also $p_n(\eta_1, \eta_2, \ldots, \eta_n;\, t_1, t_2, \ldots, t_n/\eta_0, t_0) = p_n(\eta_1, \ldots, \eta_n/\eta_0)$.

Schreibt man $\eta(t_i)$ in der Form

$$\eta(t_i) = \eta_0 + [\eta(t_1) - \eta(t_0)] + \cdots + [\eta(t_i) - \eta(t_{i-1})], \tag{7.63}$$

so sieht man, daß die $\eta(t_i)$ als Linearkombination unabhängiger, gaußverteilter Zuwächse ebenfalls normalverteilt sind. Dabei gilt

$$\langle \eta(t_i) \rangle = \eta_0$$

und

$$k_{2\eta}(t_i, t_j) = \left\langle \sum_{k=1}^{i} [\eta(t_k) - \eta(t_{k-1})] \cdot \sum_{l=1}^{j} [\eta(t_l) - \eta(t_{l-1})] \right\rangle$$
$$= a^2 \sum_{k=1}^{\min i; j} (t_k - t_{k-1})$$

bzw.

$$k_{2,\eta}(t_i, t_j) = a^2 [\min (t_i, t_j) - t_0], \tag{7.64}$$

wobei $\min (t_i, t_j)$ bedeutet, daß der kleinere der beiden möglichen Werte t_i und t_j eingesetzt werden muß.

t_0 sei der Einfachheit halber gleich Null, so daß die Korrelationsmatrix $\boldsymbol{K}_2 = \{k_{2,\eta}(t_i, t_j\})_{n,n}$ folgendes Aussehen annimmt:

$$\boldsymbol{K}_2 = a^2 \begin{pmatrix} t_1 & t_1 & t_1 & \dots & t_1 \\ t_1 & t_2 & t_2 & \dots & t_2 \\ t_1 & t_2 & t_3 & \dots & t_3 \\ \vdots & \vdots & \vdots & & \vdots \\ t_1 & t_2 & t_3 & \dots & t_n \end{pmatrix}. \tag{7.65}$$

Es läßt sich leicht nachprüfen, daß die Matrix $\boldsymbol{Q} = \{q_{i,j}\}_{n,n}$, deren Koeffizienten durch die Gleichungen

$$q_{i,i} = \frac{1}{a^2} \frac{t_{i+1} - t_{i-1}}{(t_{i+1} - t_i)(t_i - t_{i-1})} \text{ für } i < n; q_{n,n} = \frac{1}{a^2} \frac{1}{t_n - t_{n-1}},$$

$$q_{i,i+1} = -\frac{1}{a^2} \frac{1}{t_{i+1} - t_i} \text{ für } i < n; \quad q_{i,i-1} = -\frac{1}{a^2} \frac{1}{t_i - t_{i-1}},$$

$$q_{i,i+s} = 0 \text{ für } |s| > 1 \tag{7.66}$$

bestimmt werden, die zu $\boldsymbol{K}_2$ inverse Matrix ist. (Die Hauptdiagonalelemente sind $q_{i,i}$, in den beiden Nebendiagonalen stehen $q_{i,i+1}$ bzw. $q_{i,i-1}$, alle anderen Koeffizienten sind Null.) Die n-dimensionale Verteilung der $\eta(t_i)$ ist demzufolge

$$[\operatorname{Det} Q\,(2\pi)^{-n}]^{1/2} \exp\left[-\frac{1}{2}\sum_{k=1}^{n}\sum_{l=1}^{n}(\eta_k-\eta_0)\,q_{k,l}(\eta_l-\eta_0)\right].$$

Mit $y_i = \eta_i - \eta_0$ und (7.66) läßt sich die Doppelsumme im Exponenten zu einer Einfachsumme zusammenfassen:

$$\sum_{k=1}^{n}\sum_{l=1}^{n} y_k \cdot y_l \cdot q_{k,l}$$

$$= \frac{1}{a^2}\left[\frac{y_n(y_n-y_{n-1})}{t_n-t_{n-1}} + \sum_{k=1}^{n-1} y_n\left(\frac{y_k-y_{k-1}}{t_k-t_{k-1}} - \frac{y_{k+1}-y_k}{t_{k+1}-t_k}\right)\right]$$

$$= \frac{1}{a^2}\left[\sum_{k=1}^{n} y_k\,\frac{(y_k-y_{k-1})}{t_k-t_{k-1}} - \sum_{k=0}^{n-1} y_k\,\frac{(y_{k+1}-y_k)}{t_{k+1}-t_k}\right].$$

Da $y_0 = 0$, konnte die zweite Summe um das Glied $\frac{y_0(y_1-y_0)}{t_1-t_0}$ erweitert werden. Führt man nun in der zweiten Summe eine Indexverschiebung $l = k + l$ aus und setzt danach wieder $l = k$, so erhält man endgültig

$$\sum_{k=1}^{n}\sum_{l=1}^{n} y_k \cdot y_l q_{k,l} = \frac{1}{a^2}\sum_{k=1}^{n}\frac{(y_k-y_{k-1})^2}{t_k-t_{k-1}} = \frac{1}{a^2}\sum_{k=1}^{n}\frac{(\eta_k-\eta_{k-1})^2}{t_k-t_{k-1}},$$

d. h.

$$p_n(\eta_1,\ldots,\eta_n/\eta_0) = \frac{1}{\sqrt{(2\pi)^n a^2 \prod_{k=1}^{n}(t_k-t_{k-1})}}\, e^{-\frac{1}{2a^2}\sum_{k=1}^{n}\frac{(\eta_k-\eta_{k-1})^2}{t_k-t_{k-1}}}. \tag{7.67}$$

Ein direkter Vergleich mit (7.60) zeigt, daß

$$p_n(\eta_1,\ldots,\eta_n/\eta_0) = \prod_{k=1}^{n} p_1(\eta_k, t_k/\eta_{k-1}, t_{k-1}). \tag{7.68}$$

Andererseits gilt nach sukzessiver Anwendung von (2.24) für einen beliebigen Rauschprozeß $X(t)$

$$\begin{aligned} p_{n+1}(x_0, x_1, \ldots, x_n) &= p_1(x_n/x_{n-1}, \ldots, x_0) \\ &\quad \times p_1(x_{n-1}/x_{n-2}, \ldots, x_0) \cdots p_1(x_2/x_1, x_0) \\ &\qquad \times p_1(x_1/x_0) \cdot p_1(x_0) \\ &= \prod_{k=1}^{n} p_1(x_k/x_{k-1}, x_{k-2}, \ldots, x_1, x_0) \cdot p_1(x_0) \end{aligned}$$

bzw.

$$p_n(x_1, x_2, \ldots, x_n/x_0) = \prod_{k=1}^{n} p_1(x_k/x_{k-1}, x_{k-2}, \ldots, x_1, x_0). \tag{7.69}$$

Für den untersuchten WIENER-Prozeß gewinnt man somit durch Vergleich von (7.68) und (7.69)

$$p_1(\eta_k/\eta_{k-1}, \eta_{k-2}, \ldots, \eta_1, \eta_0) = p_1(\eta_k/\eta_{k-1}). \tag{7.70}$$

Die Wahrscheinlichkeit von $\eta(t_k)$ bei fixierten $\eta(t_{k-1}), \ldots, \eta(t_1), \eta(t_0)$ hängt hier nicht mehr von allen vorhergehenden Werten, sondern nur von dem jeweils letzten fixierten $\eta(t_{k-1})$ ab. Derartige Prozesse werden MARKOW-Prozesse genannt.

Gleichung (7.67) kann man auch durch einfache Überlegungen ableiten: Da $\eta(t)$ ein Prozeß mit unabhängigen Zuwächsen ist, hängt der Zuwachs innerhalb eines beliebigen Intervalls nicht von den Werten der Zufallsfunktion außerhalb dieses Intervalls ab. Folglich wird der Wert der Funktion am Ende des Intervalls nur vom Wert am Intervallanfang und nicht mehr von den vorhergehenden Werten beeinflußt, so daß

$$p_1(\eta_k/\eta_{k-1}, \eta_{k-2}, \ldots, \eta_1, \eta_0) = p_1(\eta_k/\eta_{k-1}), \tag{7.70}$$

woraus mit (7.69) und (7.60) sofort (7.67) folgt. Mit (7.70) wird von vornherein der MARKOW-Charakter des WIENER-Prozesses zur Ableitung der n-dimensionalen Verteilung ausgenutzt. Die oben durchgeführten Rechnungen bestätigen uns (7.70) im Ergebnis einer rein formal-mathematischen Umformung, während die durchgeführten Überlegungen zeigen, daß nicht nur der WIENER-Prozeß, sondern alle Prozesse mit unabhängigen Zuwächsen MARKOW-Charakter tragen. Mit MARKOW-Prozessen werden wir uns noch ausführlich befassen, da mit der Theorie der MARKOW-Prozesse dem Ingenieur mächtige Hilfsmittel für die Analyse und Synthese stochastischer Systeme in die Hand gegeben werden.

Hier ist für uns insbesondere der Zusammenhang zwischen weißem GAUSSschem Rauschen und dem WIENER-Prozeß wichtig, der im weiteren benötigt wird.

Betrachten wir das Integral eines stationären weißen GAUSSschen Prozesses $\xi(t)$ mit der Korrelationsfunktion $k_{2,\xi}(t, t') = \frac{N_0}{2}\,\delta(t-t')$ und verschwindendem Mittelwert

$$\eta(t) = \int_{t_0}^{t} \xi(\tau)\,\mathrm{d}\tau. \tag{7.71}$$

Die Korrelationsfunktion dieses Prozesses ist

$$k_{2,\eta}(t, t') = \langle \eta(t)\,\eta(t') \rangle$$
$$= \frac{N_0}{2} \int_{t_0}^{t} \int_{t_0}^{t'} \delta(t-t')\,\mathrm{d}t\,\mathrm{d}t' = \frac{N_0}{2}\,[\min(t, t') - t_0] \tag{7.72}$$

und stimmt für $\frac{N_0}{2} = a^2$ nach (7.64) mit der Korrelationsfunktion des WIENER-Prozesses überein. Die Zuwächse der Funktion $\int_{t_0}^{t} \xi(\tau)\,\mathrm{d}\tau$ sind auf Grund von (7.72) statistisch unabhängig und homogen:

$$\langle [\eta(t_4) - \eta(t_3)]\,[\eta(t_2) - \eta(t_1)] \rangle = 0; \quad t_1 < t_2 \leqq t_3 < t_4,$$
$$\langle [\eta(t) - \eta(t')]^2 \rangle = \frac{N_0}{2}\,(t - t'); \quad t > t'. \tag{7.73}$$

Die bedingte Wahrscheinlichkeit $p_1(\eta, t/\eta', t')$ wird, wie wir oben gezeigt haben, eindeutig durch die Korrelationsfunktion (7.72) (bzw. (7.64)) bestimmt und gleich (7.60).

Nach den Ausführungen in Kap. 4 strebt die Summe $\sum_{i=1}^{t/\Delta t} \xi(\tau_i)\Delta\tau$ für $\Delta\tau \to 0$ im quadratischen Mittel also gegen den WIENER-Prozeß.

Es liegt nun nahe, die Ableitung des WIENER-Prozesses dem stationären weißen GAUSSschen Rauschen gleichzusetzen (s. (7.71)),

$$\xi(t) = \frac{\mathrm{d}\eta(t)}{\mathrm{d}t}. \tag{7.74}$$

Formal gilt diese Beziehung, jedoch zeigt sich bei einer strengeren Betrachtung [21], daß der WIENER-Prozeß zwar stetig, aber nirgends differenzierbar ist. Die Korrelationsfunktion des WIENER-Prozesses ist ja zwar stetig, aber nicht differenzierbar nach beiden Argumenten t und t'(s. Kap. 4). Diese etwas pathologische Eigenschaft findet ihren Niederschlag eben darin, daß die formale Ableitung des WIENER-Prozesses — das stationäre weiße GAUSSsche Rauschen — ebenfalls gewisse Abnormitäten aufweist, wie Unstetigkeit und unendliche Streuung bei statistischer Unabhängigkeit beliebig dicht beieinanderliegender Abtastwerte. In der Praxis läßt sich der weiße Rauschprozeß meist genauso behandeln wie stetige stochastische Funktionen; lediglich in Einzelfällen, auf die wir z. B. bei der Behandlung von MARKOW-Prozessen noch zu sprechen kommen, muß man die nötige Vorsicht walten lassen.

Interessant und wichtig ist, daß das betrachtete weiße GAUSSsche Rauschen ebenfalls ein MARKOW-Prozeß ist, da nach (7.20)

$$p_n(\xi_1, \ldots, \xi_n) = \prod_{k=1}^{n} p_1(\xi_k).$$

In diesem Falle wird die bedingte Wahrscheinlichkeit einfach gleich der unbedingten

$$p_1(\xi_k/\xi_{k-1}, \xi_{k-2}, \ldots, \xi_1) = p_1(\xi_k/\xi_{k-1}) = p_1(\xi_k). \tag{7.75}$$

Dieser Umstand wird uns bei der Optimalfilterung sehr zustatten kommen.

7.8. Zentrale Grenzwertsätze

In diesem einleitenden Kapitel wurde den gaußverteilten Prozessen relativ viel Platz eingeräumt, während andere Zufallsprozesse bisher nicht besonders hervorgehoben wurden. Den meisten Ingenieuren sind aus ihrer Praxis eine Vielzahl von Beispielen bekannt, bei denen die Zufallsprozesse GAUSS-Charakter tragen. Man kann mit gutem Recht behaupten, daß die normalverteilten Prozesse in der Praxis der Nachrichten-, Steuerungs- und Regelungstheorie bei weitem am häufigsten auftreten. Die zentrale Rolle der normalverteilten Zufallsgrößen und Prozesse bewegt schon über ein Jahrhundert lang die Naturwissenschaftler, speziell die Mathematiker. Heute liegt eine fast nicht mehr übersehbare Anzahl von Untersuchungen, Publikationen und Theoremen vor, die den sogenannten zentralen Grenzwertsätzen gewidmet ist. Es kann nicht unser Ziel sein, auch nur einen Überblick über die wichtigsten Ergebnisse auf diesem Gebiet zu vermitteln. Dem interessierten Leser sei dazu die ausgezeichnete Monographie von GNEDENKO und KOLMOGOROFF [10] empfohlen.

Wir wollen nur der Vollständigkeit halber die Gründe andeuten, die die zentrale Rolle der Normalverteilung bedingen:

Betrachtet werde eine Folge unabhängiger Zufallsgrößen $X_1, X_2, \ldots, X_n$ mit den Mittelwerten $\langle X_i \rangle = m_i$ und Dispersionen $\sigma_i^2 = \langle (X_i - m_i)^2 \rangle$. Die Summe

$$Y_n = \sum_{i=1}^{n} (X_i - m_i) \tag{7.76}$$

ist eine Zufallsgröße mit dem Mittelwert Null und der quadratischen Streuung

$$\sigma_{\Sigma,n}^2 = \sum_{i=1}^{n} \sigma_i^2. \tag{7.77}$$

Nach dem klassischen Grenzwertsatz von LJAPUNOW (mit den LINDEBERG-Bedingungen) strebt die Verteilung der Zufallsgröße $Z_n = \frac{Y_n}{\sigma_{\Sigma,n}}$ (nicht die Verteilungsdichte!!) gegen die Normalverteilung

$$\lim_{n\to\infty} \int_{-\infty}^{z_1} p_1(z_n)\,\mathrm{d}z_n = \int_{-\infty}^{z'} \frac{\mathrm{e}^{-\frac{z^2}{2}}}{\sqrt{2\pi}}\,\mathrm{d}z, \tag{7.78}$$

wenn bei beliebigem $\varepsilon > 0$

$$\lim_{n\to\infty} \frac{1}{\sigma^2_{\Sigma,n}} \sum_{k=1}^{n} \int\limits_{|x_k - m_k| > \varepsilon\sigma_{\Sigma,n}} (x_k - m_k)^2\, p_1(x_k)\,\mathrm{d}x_k = 0, \tag{7.79}$$

wobei $p_1(x_k)$ die Verteilungsdichten der Zufallsgrößen x_k sind. Die Einschränkung, daß die Verteilung $F_1(z')$ $= \int_{-\infty}^{z'} p_1(z_n)\,\mathrm{d}z_n$ gegen die GAUSS-Verteilung $\int_{-\infty}^{z'} \frac{\mathrm{e}^{-\frac{z^2}{2}}}{\sqrt{2\pi}}\,\mathrm{d}z$ strebt, ist insofern wichtig, als bei diskreten Z_n bzw. X_i die Wahrscheinlichkeitsdichten $p_1(x_k)$ bzw. $p_1(z_n)$ durch Summen von Deltafunktionen beschrieben werden, die nicht durch stetige Wahrscheinlichkeitsdichten approximiert werden können. Die Koeffizienten bei den Deltafunktionen der Verteilungsdichte $p_1(z_n)$ werden zwar immer genauer durch die GAUSSsche Wahrscheinlichkeitsdichte umhüllt, können jedoch für beliebig große n niemals durch eine glatte Kurve angenähert werden, was aber für das Integral $F_1(z')$ durchaus möglich ist. Den Beweis des klassischen Grenzwertsatzes kann man z. B. in [9] finden.

Der Sinn der LINDEBERG-Bedingungen besteht darin, daß die einzelnen Komponenten X_k nur einen unwesentlichen Einfluß auf die Summe (7.76) ausüben dürfen. Sind z. B. die möglichen Werte der X_k durch endliche (beliebig große) Intervalle begrenzt, so ist die Bedingung (7.79) erfüllt, da für beliebiges ε und für unbegrenzt wachsendes $\sigma_{\Sigma,n}$ sich ein n finden läßt, für das außerhalb des Intervalls $-\varepsilon\sigma_{\Sigma,n} < X_i - m_i < \varepsilon\sigma_{\Sigma,n}$ $p_1(x_i)$ gleich Null wird und damit die Integrale verschwinden.

Legt man die Vorstellung zugrunde, daß eine Zufallsgröße durch den Einfluß einer großen Anzahl unabhängig wirkender zufälliger Einflußfaktoren formiert wird, so besagt die LINDEBERG-Bedingung (bzw. ihr äquivalente Einschränkungen), daß jeder der Einflußfaktoren nur unwesentlich auf die Zufallsgröße (oder den Zufallsprozeß) einwirkt. Da Zufallsgrößen, wie einleitend bemerkt wurde, häufig durch eine unendliche Anzahl von Wechselwirkungen und Ursachen formiert werden, von denen in der Regel keine einen überwiegenden Einfluß auf den Gesamtprozeß ausübt, wird verständlich, daß in all diesen Fällen eine GAUSS-Verteilung zu erwarten ist.

Der klassische Grenzwertsatz in der zitierten Formulierung ist nur ein Beispiel aus der Vielzahl von Grenzwertsätzen. Es existieren Erweiterungen auf unabhängige Zufallsvektoren bzw. auf Zufallsprozesse. In der Regel werden bei der Beweisführung die charakteristische Funktion des Zufallsvektors errechnet und die Bedingungen abgeleitet, bei denen diese gegen die GAUSSsche charakteristische Funktion strebt. Natürlich steigt der Rechenaufwand für die Beweisführung beim Übergang zu n-dimensionalen Vektoren beträchtlich. Die angegebene Plausibilitätserklärung verdeutlicht jedoch den Umstand, warum z. B. makroskopische Zustandsgrößen, wie etwa der Strom durch einen Widerstand oder die Feldstärke in einem Übertragungsmedium, die das Resultat der Einwirkung einer sehr großen Anzahl mikroskopischer Prozesse, wie Elektronen- bzw. Ionenbewegung, darstellt, in der Regel durch normalverteilte Zufallsprozesse approximiert werden können.

8. Markow-Prozesse

In diesem Kapitel werden wir uns mit einer wichtigen Klasse von stochastischen Prozessen befassen — den Markow-Prozessen —, die heute ein unentbehrliches Hilfsmittel für die Analyse und Synthese stochastischer Systeme geworden sind.

Eine einleitende Analogiebetrachtung [1] soll den Charakter der Markow-Prozesse veranschaulichen: Betrachtet werde ein rein determiniertes System, dessen Zustand zum Zeitpunkt t durch einen Satz von Variablen $s(t)$ beschrieben wird. Wenn das System z. B. durch ein gewöhnliches Differentialgleichungssystem n-ter Ordnung charakterisiert wird,

$$F_i(s_1, \ldots, s_n, \dot{s}_1, \ldots, \dot{s}_n; t) = 0, \quad i = 1, 2, \ldots, n, \quad \dot{s}_j = \frac{\mathrm{d}s_j(t)}{\mathrm{d}t}, \tag{8.1}$$

so stellen die den Systemzustand beschreibenden Zustandsvariablen $s(t)$ die Komponenten eines n-dimensionalen Vektors $\mathbf{s}(t) = \big(s_1(t), s_2(t), \ldots, s_n(t)\big)^T$ dar, deren Abhängigkeit von t das Zeitverhalten des Systems angibt. Nehmen wir an, daß das System (8.1) für jede beliebige Anfangsbedingung $\mathbf{s}(t_0)$ aus der Menge aller möglichen Zustände S des Systems — dem Phasenraum — eindeutig lösbar ist. Dann kann die Lösung $\mathbf{s}(t)$ des Systems mit den Anfangsbedingungen $\mathbf{s}(t_0)$ in Operatorform dargestellt werden:

$$\mathbf{s}(t) = \boldsymbol{F}_{t;t_0}[\mathbf{s}(t_0)]. \tag{8.2}$$

Der Operator $\boldsymbol{F}_{t;t_0}$ ordnet in Übereinstimmung mit (8.1) dem Anfangszustand $\mathbf{s}(t_0)$ eindeutig den Zustand $\mathbf{s}(t)$ zum Zeitpunkt t zu ($t \geqq t_0$). Bei Variation von $t > t_0$ erhält man die Trajektorie des Prozesses im Phasenraum, die bei beliebigem t nur vom Anfangszustand $\mathbf{s}(t_0)$ und nicht von der weiteren Vergangenheit des Systems beeinflußt wird, d. h., für $t_0 < t' < t$ gilt

$$\mathbf{s}(t) = \boldsymbol{F}_{t;t'}[\mathbf{s}(t')] = \boldsymbol{F}_{t;t'}[\boldsymbol{F}_{t;t_0}[\mathbf{s}(t_0)]] = \boldsymbol{F}_{t;t_0}[\mathbf{s}(t_0)]$$

bzw.

$$\boldsymbol{F}_{t;t_0} = \boldsymbol{F}_{t;t'} \cdot \boldsymbol{F}_{t';t_0}. \tag{8.3}$$

Wir haben es hier mit einem Prozeß ohne Nachwirkung zu tun — der jeweilige Zustand hängt nur vom vorhergehenden und nicht mehr von der weiteren Vergangenheit des Systems ab. Man kann jedoch leicht sehen, daß für das gleiche Differentialgleichungssystem (8.1) ein Prozeß mit Nachwirkung konstruiert werden kann. Charakterisieren wir den Zustand des Systems nämlich nicht durch einen vollständigen Satz von Zustandsvariablen — den n-dimensionalen Vektor $\mathbf{s}(t) = \big(s_1(t), s_2(t), \ldots, s_n(t)\big)^T$ —, sondern z. B. nur durch den $(n-1)$-dimensionalen $\mathbf{s}'(t) = \big(s_1(t), s_2(t), \ldots, s_{n-1}(t)\big)^T$, so bestimmt offensichtlich der Zustand $\mathbf{s}'(t_0)$ nicht mehr eindeutig den Zustand $\mathbf{s}'(t)$. Der nicht mehr vollständige Zustandsvektor $\mathbf{s}'(t)$ hängt jetzt auch von der weiteren Vergangenheit ab. In der Tat, wäre uns $\dot{\mathbf{s}}(t_0) = \big(\dot{s}_1(t_0), \dot{s}_2(t_0), \ldots, \dot{s}_{n-1}(t_0)\big)^T$ bekannt, so könnten wir aus zwei Gleichungen des Systems (8.1) erst $\dot{s}_n(t)$ ausschließen und danach $s_n(t_0)$ aus der verbleibenden Gleichung berechnen. Die Bestimmung von $\dot{\mathbf{s}}'(t_0)$ erfordert aber gerade die Kenntnis der Vergangenheit des Systems, denn

$$\dot{\mathbf{s}}'(t_0) = \lim_{\tau \to t_0} \frac{\mathbf{s}'(t_0) - \mathbf{s}'(\tau)}{t_0 - \tau}, \quad \tau \leqq t_0. \tag{8.4}$$

Durch den Ausschluß der Komponente $s_n(t)$ als Zustandsvariable des Systems haben wir also einen Prozeß mit Nachwirkung erhalten, welcher sich allerdings durch Erweiterung des $(n-1)$-dimensionalen Phasenraumes um eine Dimension auf einen Prozeß ohne Nachwirkung zurückführen läßt.

Man sieht, daß es in der Regel durch Erweiterung des Zustandsvektors auf einen vollständigen Satz von Zustandvariablen möglich ist, einen Prozeß mit Nachwirkung in einen Prozeß ohne Nachwirkung überzuführen. Diese Feststellung ist der Ausgangspunkt für die breite Anwendung der Theorie der MARKOW-Prozesse. Die MARKOW-Prozesse sind das stochastische Analogon der determinierten Prozesse ohne Nachwirkung. Durch entsprechende Erweiterung der stochastischen Systeme, deren Zustand durch nicht-MARKOWsche Prozesse beschrieben wird, gelingt es häufig, ähnlich wie im Fall determinierter Systeme, den erweiterten Zustand durch MARKOW-Prozesse zu charakterisieren.

8.1. Markow-Ketten

Der Anschaulichkeit halber beginnen wir die Behandlung der MARKOW-Prozesse mit den MARKOW-Ketten — einer speziellen Klasse von diskreten Zufallsfolgen. Es sei nochmals daran erinnert, daß eine diskrete Zufallsfolge nur zu diskreten Zeitmomenten t_i ihren Wert $X(t)$ ändern und die diskreten Werte $a_1, a_2, \ldots, a_n$ annehmen kann. Bequemlichkeitshalber sollen die Intervalle, innerhalb deren $X(t)$ konstant ist, durchnumeriert werden; das erste Intervall sei $[t_1, t_2]$, das zweite $[t_2, t_3]$, das i-te $[t_i, t_{i+1}]$ usw.

Sind die Intervalle alle gleich lang und nur zwei Zustände a_1 und a_2 zugelassen, so haben wir es mit der in der Nachrichtentechnik weit verbreiteten Binärfolge zu tun (Abb. 10). Der Leser möge sich die im weiteren abgeleiteten Beziehungen an Hand der Binärfolge veranschaulichen, die als einfachste Zufallsfolge bestens für veranschaulichende Betrachtungen geeignet ist.

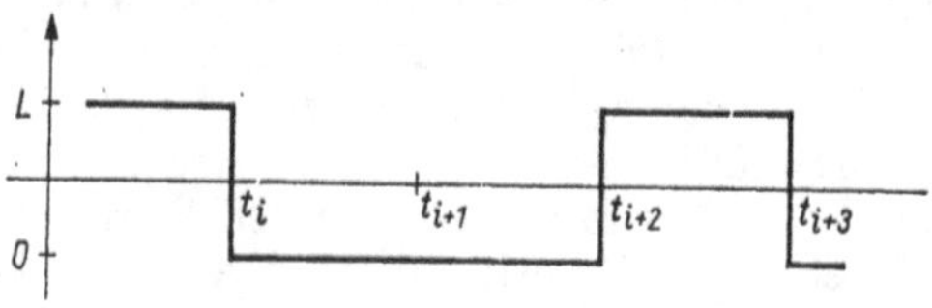

Abb. 10. Realisierung einer Binärfolge

Im allgemeinen Fall werde die Wahrscheinlichkeit, daß die diskrete Zufallsfolge im i-ten Intervall den Wert a_j annimmt, mit $q_j(i)$ bezeichnet (hier ist es bequemer, anstelle der Wahrscheinlichkeitsdichten $p_1(x, t) = \sum_{s=1}^{N} q_s(t) \times \delta(x - a_s)$ die Wahrscheinlichkeiten des Eintretens der einzelnen Zustände $q_s(t) = q_s(i)$ zur Beschreibung der Zufallsfolge heranzuziehen). Für die Binärfolge sind nur die beiden Zustände $a_1 = 0$ und $a_2 = L$ zugelassen, entsprechend interessieren uns die Wahrscheinlichkeit einer Null: $q_0(i)$ oder eines L: $q_1(i)$. Wenn der Prozeß nicht stationär ist, hängt $q_j(i)$ natürlich von der Intervallnummer i ab.

Die bedingte Wahrscheinlichkeit $p_{\nu,\mu}(i) = p(a_\nu, i/a_\mu, i-1)$ ist die Wahrscheinlichkeit des Überganges der Folge aus dem Zustand a_μ, in dem sie sich während des $(i-1)$-ten Intervalls befand, in den Zustand a_ν im i-ten Intervall. Man spricht deshalb häufig auch von der Übergangswahrscheinlichkeit.

Die $p_{\nu,\mu}(i)$ bilden die Koeffizienten der Übergangsmatrix $\boldsymbol{P}_{i,i-1} = \{p_{\nu,\mu}(i)\}_{N,N}$. Die Summe der in einer Zeile dieser Matrix stehenden Elemente $p_{\nu,\mu}(i)$ stellt offenbar die Wahrscheinlichkeit des Überganges in überhaupt einen Zustand dar und ist somit gleich Eins:

$$\sum_{\nu=1}^{N} p_{\nu,\mu}(i) = 1 .$$

Betrachten wir nun die Wahrscheinlichkeit, daß die Folge im k-ten Intervall den Wert a_ν annimmt, als Funktion der Übergangswahrscheinlichkeiten und der Wahrscheinlichkeiten aller möglichen Zustände in einem beliebig weit zurückliegenden Intervall i. Wenn sich die Folge im i-ten Intervall ($i < k$) im Zustand a_s befand, so ist die Wahrscheinlichkeit des Überganges in den Zustand a_ν im k-ten Intervall gleich $p_{\nu,s}(k, i)$. Beim Übergang aus dem i-ten in das k-te Intervall werden $(k - i - 1)$ volle Intervalle durchlaufen; für den Fall, daß $i = k - 1$

haben wir es wieder mit der oben eingeführten Übergangswahrscheinlichkeit vom vorhergehenden in das folgende Intervall zu tun, d. h. $p_{\nu;s}(k; k-1) = p_{\nu;s}(k)$.

Die Folge kann im i-ten Intervall mit Wahrscheinlichkeit $q_1(i)$ den Zustand a_1, mit Wahrscheinlichkeit $q_2(i)$ den Zustand a_2 usw. angenommen haben. Da die Übergänge aus verschiedenen Zuständen (im i-ten Intervall) in den Zustand a_ν (im k-ten Intervall) einander ausschließende Ereignisse darstellen, kann man $q_\nu(k)$ durch Summation über die Wahrscheinlichkeiten der einzelnen Übergänge einfach erhalten:

$$q_\nu(k) = \sum_{s=1}^{N} p_{\nu,s}(k, i)\, q_s(i) \qquad (k > i). \tag{8.5}$$

Die Wahrscheinlichkeit des Zustandes a_μ im j-ten Intervall, das zwischen dem i-ten und k-ten liegen soll ($i < j < k$) wird entsprechend gleich

$$q_\mu(j) = \sum_{s=1}^{N} p_{\mu,s}(j, i)\, q_s(i) \qquad (j > i). \tag{8.6}$$

Der MARKOW-Prozeß ist aber laut Definition ein Prozeß ohne Nachwirkung. Der Zustand des Prozesses wird nicht wie bei determinierten Systemen durch Zustandsvariable, sondern durch ihre Wahrscheinlichkeiten oder Wahrscheinlichkeitsdichten charakterisiert. Die Wahrscheinlichkeit des Zustandes einer MARKOW-Kette im Intervall k hängt damit nur von der Wahrscheinlichkeit im Intervall j und nicht mehr von den Wahrscheinlichkeiten der Zustände in den vorhergehenden Intervallen ab. Das bedeutet, daß

$$q_\nu(k) = \sum_{\mu=1}^{N} p_{\nu,\mu}(k, j)\, q_\mu(j), \qquad k > j > i. \tag{8.7}$$

Substituiert man (8.6) in (8.7) und vergleicht mit (8.5), so erhält man

$$q_\nu(k) = \sum_{\mu=1}^{N} p_{\nu,\mu}(k, j) \sum_{s=1}^{N} p_{\mu,s}(j, i)\, q_s(i) = \sum_{s=1}^{N} p_{\nu,s}(k, i)\, q_s(i)$$

bzw.

$$p_{\nu,s}(k,i) = \sum_{\mu=1}^{N} p_{\nu,\mu}(k,j)\, p_{\mu,s}(j,i); \qquad i < j < k. \tag{8.8}$$

Mit den Übergangsmatrizen $\boldsymbol{P}_{k,j} = \{p_{\nu,\mu}(k,j)\}_{N,N}$; $\boldsymbol{P}_{j,i} = \{p_{\mu,s}(j,i)\}_{N,N}$ und $\boldsymbol{P}_{k,i} = \{p_{\nu,s}(k,i)\}_{N,N}$ läßt sich (8.8) kompakt schreiben

$$\boldsymbol{P}_{k,i} = \boldsymbol{P}_{k,j} \cdot \boldsymbol{P}_{j,i}, \qquad i < j < k. \tag{8.9}$$

Die Übergangsmatrix $\boldsymbol{P}_{k,i}$ ist das Produkt der beiden Übergangsmatrizen $\boldsymbol{P}_{k,j}$ und $\boldsymbol{P}_{j,i} (i < j < k)$.

Die Beziehung (8.9) ist das wahrscheinlichkeitstheoretische Pendant der Operatorgleichung (8.3). Anstelle der Operatoren in determinierten Systemen ohne Nachwirkung treten die Übergangswahrscheinlichkeiten der MARKOW-Ketten, anstelle der Zustandsvariablen die Wahrscheinlichkeiten eines Zustandes.

Wendet man (8.9) auf jeweils hintereinander folgende Intervalle an, so ergibt sich

$$\boldsymbol{P}_{k,i} = \boldsymbol{P}_{k,k-1} \cdot \boldsymbol{P}_{k-1,k-2} \cdots \boldsymbol{P}_{i+1;i}. \tag{8.10}$$

Wenn die MARKOW-Kette homogen ist, die Übergangswahrscheinlichkeit also nur von der Anzahl der durchlaufenden Intervalle, aber nicht von der Nummer des Ausgangsintervalls selbst abhängt, dann ist $\boldsymbol{P}_{k,j} = \boldsymbol{P}_{k-j}$ bzw. $p_{\nu,\mu}(k,j) = p_{\nu,\mu}(k-j)$ und

$$\boldsymbol{P}_{k,i} = (\boldsymbol{P}_1)^{k-1}. \tag{8.11}$$

Um den Unterschied zu Zufallsfolgen ohne MARKOW-Charakter hervorzuheben, betrachten wir jetzt einmal eine diskrete Zufallsfolge, die keinerlei Einschränkungen unterliegen soll. Die dreidimensionale Verbundwahrscheinlichkeit der Zustände im k-ten, j-ten und i-ten Intervall läßt sich mit Hilfe der bedingten Wahrscheinlichkeiten darstellen als

$$q(a_\nu,k,\, a_\mu,j,\, a_s,\, i) = p(a_\nu,k/a_\mu,j,\, a_s,i)\; p(a_\mu,j/a_s,\, i) \cdot q(a_s,\, i).$$

Durch Summation über die Zustände in den vor dem k-ten Intervall liegenden Zeitabschnitten j und i erhält man die Wahrscheinlichkeit des ν-ten Zustandes im k-ten Intervall

$$q(a_\nu,k) = \sum_{\mu=1}^{N} \sum_{s=1}^{N} p(a_\nu,k/a_\mu,j,\, a_s,i)\, p(a_\mu,j/a_s,i) \cdot q(a_s,i)$$

$$= \sum_{s\to1}^{N} p(a_\nu,\, k/a_s,\, i)\, q(a_s,\, i)\,.$$

Vergleicht man diese Formel mit (8.8), so sieht man, daß eine MARKOW-Kette nur dann vorliegt, wenn für beliebige $k > j > i$

$$p(a_\nu,\, k/a_\mu,\, j,\, a_s,\, i) = p(a_\nu,\, k/a_\mu,\, j)\,. \tag{8.12}$$

Analog folgt aus der Betrachtung von mehr als drei Zeitintervallen, daß für eine MARKOW-Kette gelten muß

$$p(a_\nu,k/a_{r_1},k-1,a_{r_2},k-2,\ldots,a_{r_n},k-n) = p(a_\nu,k/a_{r_1},k-1)\,. \tag{8.13}$$

Beide Gleichungen bedeuten wieder: Die Zukunft eines MARKOW-Prozesses hängt bei bekannter Gegenwart nicht mehr von der Vergangenheit ab.

Die Gleichungen (8.12) oder (8.13) kann man, wie mitunter üblich, auch als Definitionsgleichungen für die Übergangswahrscheinlichkeiten von MARKOW-Ketten einführen. Es ist leicht einzusehen, daß eine Gleichung die andere impliziert.

Zum Abschluß soll noch darauf hingewiesen werden, daß eine diskrete Zufallsfolge auch dann MARKOW-Charakter aufweist, wenn die Übergangswahrscheinlichkeit von den Zuständen in einer endlichen Anzahl vorhergehender Zeitintervalle abhängt, wenn also

$$p(a_\nu,\, k/a_{r_1},\, k-1,\, a_{r_2},\, k-2,\, \ldots,\, a_{r_n},\, k-n,\, \ldots)$$
$$= p(a_\nu,\, k/a_{r_1},\, k-1,\, \ldots,\, a_{r_n},\, k-n)\,.$$

Betrachten wir einfachheitshalber eine Binärfolge und setzen voraus, daß die Wahrscheinlichkeit eines Zustandes im k-ten Intervall von den Zuständen der beiden vorhergehenden Intervalle beeinflußt wird, aber nicht mehr von der weiteren Vergangenheit, d. h.

$$p(a_\nu, k/a_{r_1}, k-1, \ldots, a_{r_n}, k-n, \ldots) \\ = p(a_\nu, k/a_{r_1}, k-1, a_{r_2}, k-2). \qquad (8.14)$$

Die Zustände der Binärfolge innerhalb eines Intervalls sind „0“ oder „L“. Um nun zu zeigen, daß diese Binärfolge MARKOW-Charakter besitzt, führen wir neue Zustandsgrößen ein, und zwar soll b_1 der neue Zustand sein, der dadurch gekennzeichnet wird, daß in zwei unmittelbar aufeinanderfolgenden Intervallen beide Male eine „0“ aufgetreten ist, b_2 – der Zustand, daß erst eine „0“ und im nachfolgenden Intervall ein „L“ eintritt, b_3 wird entsprechend durch das Auftreten eines „L“ und danach einer „0“ und endlich b_4 durch das Eintreten zweier aufeinanderfolgender „L“ definiert. Offensichtlich kann bei Übergang zum nächsten Zeitintervall b_1 und b_3 in b_1 oder b_3 übergehen und b_2 und b_4 in b_3 und b_4. Wichtig ist jedoch, daß der Übergang von einem der neu definierten Zustände b_i in einen anderen nur noch vom vorhergehendem Zustand b_j abhängt. Allerdings werden die neuen Zustandsvariablen b_i durch den Zustand der Binärfolge in *zwei* aufeinanderfolgenden Intervallen bestimmt. Man sieht also, daß es durch Einführung neuer Zustandsvariabler gelingt, den MARKOW-Charakter der durch (8.14) definierten Binärfolge offensichtlich zu machen. Für die neuen Zustandsvariablen gilt:

$$p(b_\nu, k/b_{r_1}, k-1, b_{r_2}, k-2, \ldots) = p(b_\nu, k/b_{r_1}, k-1),$$

wobei die Schreibweise (b_ν, k) bedeutet, daß der Zustand b_ν dem k-ten und $(k-1)$-ten Intervall zugeordnet wird.

Genauso läßt sich durch Einführung neuer Zustandsvariabler, die das Eintreten von „0“ oder „L“ in mehreren aufeinanderfolgenden Zeitintervallen kennzeichnen, nachweisen, daß die Markow-Bedingung (8.12) erfüllt wird, wenn das Auftreten einer „0" oder eines „L" nur vom Zustand der Folge in einer endlichen Anzahl vorhergehender Intervalle abhängt. Diese Aussage gilt natürlich nicht nur für Binärfolgen, sondern ebenfalls für beliebige diskrete Zufallsfolgen, die der Bedingung (8.13) genügen. Hängt der Zustand der diskreten Zufallsfolge im k-ten Intervall von den Zuständen in s vorhergehenden Intervallen ab, so spricht man gewöhnlich von einer Markow-Kette s-ter Ordnung. Die in der nachrichtentechnischen Praxis vorkommenden diskreten Zufallsfolgen können praktisch immer durch Markow-Ketten einer bestimmten Ordnung approximiert werden, da der Einfluß eines genügend weit zurückliegenden Zustandes auf die Wahrscheinlichkeit eines Zustandes im betrachteten Intervall verschwindend klein ist.

8.2. Diskrete Markow-Prozesse

Ein diskreter Markow-Prozeß kann seinen Zustand nicht nur zu diskreten, sondern im Unterschied zu den Markow-Ketten zu jedem beliebigen Zeitpunkt *sprunghaft* ändern. Die möglichen Zustände $a_1, a_2, \ldots, a_n, \ldots$ bilden eine Menge mit endlich vielen oder abzählbar vielen Elementen. Die Realisierung eines diskreten Markow-Prozesses ist infolge der sprunghaften Änderungen unstetig und erinnert an die Vorwärtsbewegung eines absolut betrunkenen Menschen. Derartige Prozesse werden auch als zufällige Irrfahrten bezeichnet. Die Wahrscheinlichkeit, daß sich der diskrete Markow-Prozeß zum Zeitpunkt t im Zustand a_k befindet, werde mit $q_k(t)$ bezeichnet; die Übergangswahrscheinlichkeiten aus dem Zustand a_μ zum Zeitpunkt s in den Zustand a_ν zum Zeitpunkt t seien $p_{\nu,\mu}(t, s)$ $(t > s)$. Da der Prozeß im Moment t einen der möglichen Zustände annehmen muß, wenn er zum Zeitpunkt s den Wert a_μ angenommen hatte, gilt

$$\sum_{\nu=1}^{\infty} p_{\nu;\mu}(t, s) = 1 \quad (t > s).$$

Infolge des MARKOW-Charakters hängt die bedingte Wahrscheinlichkeit $p(a_\nu, t/a_\mu, s, a_\lambda, t_0)$ für $t > s > t_0$ nicht von a_λ zum Zeitpunkt t_0 ab, d. h.

$$p(a_\nu, t/a_\mu, s, a_\lambda, t) = p(a_\nu, t/a_\mu, s) = p_{\nu;\mu}(t, s), \quad t > s > t_0. \tag{8.15}$$

Mit

$$q_\nu(t) = \sum_\mu \sum_\lambda p(a_\nu, t/a_\mu, s, a_\lambda, t_0) \cdot p(a_\mu, s/a_\lambda, t_0)\, q_\lambda(t_0)$$

bzw.

$$q_\nu(t) = \sum_\lambda p(a_\nu, t/a_\lambda, t_0) \cdot q_\lambda(t_0)$$

erhält man unter Berücksichtigung von (8.15) die CHAPMAN-KOLMOGOROFF-Gleichung

$$p_{\nu;\lambda}(t, t_0) = \sum_\mu p_{\nu;\mu}(t, s)\, p_{\mu;\lambda}(s, t_0). \tag{8.16}$$

Die Summation erfolgt über alle möglichen Zustände a_μ.

Wir wollen jetzt das Zeitverhalten der Übergangswahrscheinlichkeit verfolgen. Es sei $t = s + \Delta t$, wobei Δt ein kleines Zeitintervall ist. $p_{\nu;\nu}(s + \Delta t, s)$ ist offensichtlich die Wahrscheinlichkeit dafür, daß während des Intervalls Δt kein Sprung erfolgt. Die Wahrscheinlichkeit eines Sprunges aus dem ν-ten Zustand in irgendeinen anderen ist dann $1 - p_{\nu;\nu}(s + \Delta t, s)$ und sei proportional Δt:

$$1 - p_{\nu,\nu}(s + \Delta t, s) = \alpha_\nu(s) \cdot \Delta t + O(\Delta t^2). \tag{8.17}$$

Da der Übergang aus dem Zustand a_μ im Moment s in den Zustand a_ν im Moment $s + \Delta t$ nur unter der Voraussetzung eines Sprunges möglich ist ($\mu \neq \nu$), dessen Wahrscheinlichkeit proportional Δt ist, setzt man

$$p_{\nu;\mu}(s + \Delta t, s) = \beta_{\nu;\mu}(s) \cdot \Delta t + O(\Delta t^2). \tag{8.18}$$

In der Tat kann man den Übergang aus a_μ in a_ν als kompliziertes Ereignis auffassen, welches darin besteht, daß erstens überhaupt ein Sprung aus a_μ erfolgt (mit der Wahrscheinlichkeit $\alpha_\mu(s)\Delta t + O(\Delta t^2)$) und daß zweitens dieser Sprung gerade von a_μ nach a_ν führt (die Wahrscheinlichkeit dieses Ereignisses sei $\gamma_{\nu;\mu}(s)$). D. h.

$$p_{\nu;\mu}(s + \Delta t, s) = \alpha_\mu(s) \cdot \gamma_{\nu;\mu}(s) \cdot \Delta t + O(\Delta t^2). \quad (8.19)$$

Dabei gilt $\sum_{\mu \neq \nu} \gamma_{\nu;\mu}(s) = 1$, da ja bei erfolgtem Sprung die Wahrscheinlichkeit des Übergangs in irgendeinen anderen Zustand gleich Eins ist.

Mit (8.16) gilt

$$p_{\nu;\lambda}(s + \Delta t, t_0) = p_{\nu,\nu}(s + \Delta t, s)\, p_{\nu;\lambda}(s, t_0) + \sum_{\mu \neq \nu} p_{\nu;\mu}(s + \Delta t, s)\, p_{\mu;\lambda}(s, t_0).$$

Substituiert man (8.17) und (8.18), bringt $p_{\nu;\lambda}(s; t_0)$ nach links, teilt durch Δt und läßt Δt gegen Null streben, so erhält man die prospektive KOLMOGOROFFsche Gleichung (KOLMOGOROFFsche Vorwärtsgleichung)

$$\frac{\partial p_{\nu;\lambda}(s, t_0)}{\partial s} = -\alpha_\nu(s)\, p_{\nu;\lambda}(s, t_0) + \sum_{\mu \neq \nu} \beta_{\nu;\mu}(s)\, p_{\mu;\lambda}(s, t_0), \quad s > t_0, \quad (8.20)$$

die mit den Anfangsbedingungen

$$p_{\nu;\lambda}(t_0, t_0) = \delta_{\nu;\mu} \quad (8.21)$$

zu lösen ist (s. (8.17) und (8.18) für $\Delta t \to 0$).

Das Differentialgleichungssystem (8.20) mit den Anfangsbedingungen (8.21) beschreibt das zeitliche Verhalten der Übergangswahrscheinlichkeiten $p_{\nu;\lambda}(t, t_0)$ in Abhängigkeit von t. Man kann ebensogut t_0 als Laufparameter betrachten und gewinnt dann aus (8.16) mit $s = t_0 + \Delta t$ und den gleichen Substitutionen (8.17) und (8.18) für $p_{\mu;\lambda}(t_0 + \Delta t, t_0)$ das retrospektive KOLMO-

GOROFFsche Gleichungssystem (KOLMOGOROFFsche Rückwärtsgleichung)

$$-\frac{\partial p_{\nu;\lambda}(t, t_0)}{\partial t_0} = -\alpha_\lambda(t_0)\, p_{\nu;\lambda}(t, t_0) + \sum_{\mu \neq \lambda} \beta_{\mu;\lambda}(t_0)\, p_{\nu;\mu}(t, t_0), \quad t > t_0, \tag{8.22}$$

mit den Anfangsbedingungen

$$p_{\nu;\lambda}(t, t) = \delta_{\nu;\mu}. \tag{8.23}$$

Die Lösungen beider Gleichungssysteme beschreiben die Übergangswahrscheinlichkeiten $p_{\nu;\lambda}(t, t_0)$, wenn die

$$\beta_{\nu;\mu}(t) = \lim_{\Delta t \to 0} \frac{p_{\nu;\mu}(t + \Delta t, t)}{\Delta t} \tag{8.24}$$

und

$$\alpha_\nu(t) = \lim_{\Delta t \to 0} \frac{1 - p_{\nu;\nu}(t + \Delta t, t)}{\Delta t} \tag{8.25}$$

existieren, stetig sind und die $\frac{p_{\nu;\mu}(t + \Delta t, t)}{\Delta t}$ für jedes ν gleichmäßig bezüglich μ konvergieren [6]. In diesem Falle sind die Lösungen beider Systeme identisch [6].

Wenn es gelingt, die Intensitätsfunktionen $\alpha_\nu(t)$ und $\beta_{\nu;\mu}(t) = \alpha_\mu(t)\gamma_{\nu;\mu}(t)$ auf Grund physikalischer Vorstellungen zu finden, so kann man mit Hilfe der Gleichungssysteme (8.20) und (8.22) die Übergangswahrscheinlichkeit des diskreten MARKOW-Prozesses zumindest im Prinzip finden.

Die diskreten MARKOW-Prozesse führen uns somit wieder in die vertraute Welt der Differentialgleichungen zurück. So wie wir für determinierte Systeme in der Regel Systeme gewöhnlicher Differentialgleichungen untersuchen, gelingt es im Falle der diskreten MARKOW-Prozesse, die Analyse des Systems auf die Untersuchung von gewöhnlichen Differentialgleichungen bzw. Differentialgleichungssystemen zurückzuführen. Die diskreten MARKOW-Prozesse spielen eine wichtige Rolle bei der Untersuchung radioaktiver Zufallsprozesse, bei Evolutionsproblemen, Geburts- und Todesprozessen und vielen anderen. Für uns ist in erster Linie der diskrete MARKOW-Prozeß als Übergangsstufe von der MARKOW-Kette zum allgemeinen MARKOW-Prozeß mit beliebigen (nicht diskreten) Zuständen von Interesse. Wir werden sehen, daß die Wahrscheinlichkeitsdichten der allgemeinen MARKOW-Prozesse nicht mehr durch gewöhnliche, sondern durch partielle Differentialgleichungen beschrieben werden können. Dem Grad der Kompliziertheit nach lassen sich die diskreten MARKOW-Prozesse (natürlich sehr bedingt) also tatsächlich zwischen die MARKOW-Ketten, deren Wahrscheinlichkeiten mit Hilfe algebraischer Gleichungssysteme berechnet werden können, und die allgemeinen MARKOW-Prozesse, deren statistische Beschreibungsgrößen aus partiellen Differentialgleichungen abgeleitet werden können, einordnen. Der an diskreten MARKOW-Prozessen speziell interessierte Leser sei auf die entsprechenden Kapitel in [5] verwiesen.

8.3. Allgemeine Markow-Prozesse

Die allgemeinen MARKOW-Prozesse $X(t)$ sind allgemeine Zufallsprozesse mit MARKOW-Charakter. $X(t)$ kann bei fixiertem t alle möglichen Werte einer Kontinuumsmenge annehmen; der Zeitparameter ändert sich stetig. Zweckmäßigerweise greift man deshalb hier bei der Beschreibung der statistischen Eigenschaften im Unterschied zu diskreten Prozessen auf die Wahrscheinlichkeitsdichten zurück.

$p_n(x_n, t_n; x_{n-1}, t_{n-1}; \ldots; x_1, t_1)$ sei die n-dimensionale Verteilungsdichte von n aufeinanderfolgenden Abtastwerten: $t_n > t_{n-1} > \cdots > t_2 > t_1$. Die bedingte Verteilung

$p_1(x_n; t_n/x_{n-1}, t_{n-1}; x_{n-2}, t_{n-2}; \ldots; x_1, t_1)$ des allgemeinen MARKOW-Prozesses genügt der MARKOW-Bedingung

$$p_1(x_n, t_n/x_{n-1}; t_{n-1}; x_{n-2}, t_{n-2}; \ldots; x_1, t_1) \\ = p_1(x_n; t_n/x_{n-1}, t_{n-1}). \qquad (8.26)$$

Die Wahrscheinlichkeit von $X(t_n)$ hängt damit nur vom Wert des Prozesses zum Zeitpunkt t_{n-1} und nicht von den vorhergehenden Zuständen ab.

Betrachten wir die dreidimensionale Verteilung

$$p_3(x_t, t, x_s, s, x_0, t_0) = p_3(x_t, x_s, x_0),$$

wobei $x_0 = x(t_0)$, $x_s = x(t_s)$ und $x_t = x(t)$. Es soll gelten $t > s > t_0$. (Der einfacheren Schreibweise zuliebe werden wir bei den Wahrscheinlichkeitsdichten die Zeitargumente t, s und t_0 mitunter weglassen.) Es gilt ganz allgemein

$$p_2(x_t, x_0) = \int_{-\infty}^{\infty} p_3(x_t, x_s, x_0)\, dx_s$$

$$= \int_{-\infty}^{\infty} p_1(x_t/x_s, x_0)\, p_1(x_s/x_0)\, p_1(x_0)\, dx_s = p_1(x_t/x_0)\, p_1(x_0),$$

und unter Berücksichtigung des MARKOW-Charakters (8.26) ergibt sich die der CHAPMAN-KOLMOGOROFF-Gleichung analoge Beziehung — die SMOLUCHOWSKI-EINSTEINsche Gleichung

$$p_1(x_t/x_0) = \int_{-\infty}^{\infty} p_1(x_t/x_s) \cdot p_1(x_s/x_0)\, dx_s, \quad t > s > t_0, \qquad (8.27)$$

die der Operatorgleichung (8.3) für determinierte Systeme ohne Nachwirkung entspricht. Die Übergangswahrscheinlichkeit genügt natürlich der Beziehung

$$\int_{-\infty}^{\infty} p_1(x_t/x_s)\, dx_t = 1, \qquad (8.28)$$

da der Prozeß zum Zeitpunkt t einen der möglichen Werte annehmen muß.

Wir wollen jetzt das Zeitverhalten der Übergangswahrscheinlichkeiten untersuchen. Dazu betrachten wir die charakteristische Funktion von $p_1(x_t, t/x_s, s)$, die mit $h_1(\lambda, x_s, t, s)$ bezeichnet werden soll:

$$h_1(\lambda, x_s, t, s) = \int_{-\infty}^{\infty} e^{i\lambda(x_t - x_s)} p_1(x_t, t/x_s, s)\, dx_t = \langle e^{i\lambda(X_t - X_s)}/x_s \rangle. \tag{8.29}$$

h_1 ist hier im Unterschied zu den in Kap. 3 eingeführten charakteristischen Funktionen die Fourier-Transformierte der Übergangswahrscheinlichkeitsdichte, also der Erwartungswert von $e^{i\lambda(X_t - X_s)}$ bei fixiertem $X_s = x_s$, und hängt deshalb auch von x_s ab. Zerlegt man $h_1(\lambda, x_s, t, s)$ nach (3.18),

$$h_1(\lambda, x_s, t, s) = \sum_{k=0}^{\infty} \frac{1}{k!} m_k(\underbrace{t, t, \ldots, t}_{k-\text{mal}}; x_s, s) \cdot (i\lambda)^k, \tag{8.30}$$

so muß man berücksichtigen, daß die Momente $m_k(\underbrace{t, \ldots, t}_{k-\text{mal}}; x_s, s) = m_k(t, x_s, s)$ ebenfalls noch von x_s abhängen können. Nach (3.14) stellen die $m_k(t, x_s, s)$ in unserem Falle die bedingten Momente k-ter Ordnung dar, also die k-ten Momente der Zuwächse

$$\begin{aligned} m_k(t, x_s, s) &= \langle [X(t) - X(s)]^k / X(s) = x_s \rangle = \langle (X(t) - x_s)^k \rangle \\ &= \int_{-\infty}^{\infty} (x_t - x_s)^k\, p_1(x_t, t/x_s, s)\, dx_t. \end{aligned} \tag{8.31}$$

Die Bezeichnung $\langle (X(t) - x_s)^k \rangle$ soll andeuten, daß die Mittelung bei fixiertem x_s erfolgt.

Die Rücktransformation der charakteristischen Funktion gestattet, die Übergangswahrscheinlichkeitsdichte mit Hilfe der bedingten Momente $\langle (X_t - x_s)^k \rangle$ auszudrücken:

$$p_1(x_t, t/x_s, s) = \frac{1}{2\pi} \int\limits_{-\infty}^{\infty} e^{-i\lambda(x_t - x_s)} h_1(\lambda, x_s, t, s) \, d\lambda$$

$$= \frac{1}{2\pi} \sum_{k=0}^{\infty} \frac{1}{k!} \int\limits_{-\infty}^{\infty} (i\lambda)^k e^{-i\lambda(x_t - x_s)} m_k(t, x_s, s) \, d\lambda . \quad (8.32)$$

(8.32) wird in die SMOLUCHOWSKI-Gleichung (8.27) substituiert und der Zeitpunkt s sehr nahe an t gewählt, $s = t - \Delta t$:

$$p_1(x_t, t/x_0, t_0) = \frac{1}{2\pi} \sum_{k=0}^{\infty} \frac{1}{k!} \int\limits_{-\infty}^{\infty} dx_s$$

$$\left[\int\limits_{-\infty}^{\infty} (i\lambda)^k e^{-i\lambda(x_t - x_s)} \, d\lambda \right] m_k(t, x_s, t - \Delta t) \, p_1(x_s, t - \Delta t/x_0, t_0) .$$

Berücksichtigt man die für beliebige differenzierbare und im Unendlichen verschwindende Funktionen geltende Gleichung

$$\frac{1}{2\pi} \iint\limits_{-\infty}^{\infty} (i\lambda)^k e^{-i\lambda(x_t - x_s)} f(x_s) \, d\lambda \, dx_s$$

$$= \frac{(-1)^k}{2\pi} \frac{\partial^k}{\partial x_t{}^k} \iint\limits_{-\infty}^{\infty} e^{-i\lambda(x_t - x_s)} f(x_s) \, d\lambda \, dx_s \quad (8.33)$$

und die aus der Theorie der verallgemeinerten Funktionen bekannte und schon mehrmals benutzte Beziehung

$$\frac{1}{2\pi} \int\limits_{-\infty}^{\infty} e^{-i\lambda(x_t - x_s)} \, d\lambda = \delta(x_t - x_s)$$

sowie $m_0 = 1$, spaltet das erste Glied der Reihe nach Integration über x_s ab und bringt es auf die linke Seite, so wird

$$p_1(x_t, t/x_0, t_0) - p_1(x_t, t - \Delta t/x_0, t_0) = \sum_{k=1}^{\infty} \frac{(-1)^k}{k!} \frac{\partial^k}{\partial x_t{}^k}$$
$$\times \int_{-\infty}^{\infty} \delta(x_t - x_s) m_k(t, x_s, t - \Delta t) p_1(x_s, t - \Delta t/x_0, t_0) \, dx_s .$$

Beide Seiten der Gleichung werden durch Δt geteilt und der Grenzübergang $\Delta t \to 0$ durchgeführt.

$$\frac{\partial p_1(x_t, t/x_0, t_0)}{\partial t} = \sum_{k=1}^{\infty} \frac{(-1)^k}{k!} \frac{\partial^k}{\partial x_t{}^k}$$
$$\times \int_{-\infty}^{\infty} \delta(x_t - x_s) K_k(x_s, t) p_1(x_s, t/x_0, t) \, dx_s , \tag{8.34}$$

wobei die $K_k(x_s, t)$ gegeben sind durch

$$K_k(x, t) = \lim_{\Delta t \to 0} \frac{m_k(t, x, t - \Delta t)}{\Delta t}$$
$$= \lim_{|t \to s| \to 0} \frac{\langle [X(t) - X(s)]^k / X(s) = x \rangle}{t - s} \tag{8.35}$$

oder in Kurzform

$$K_k(x, t) = \lim_{|t - s| \to 0} \frac{\langle (X_t - x_s)^k \rangle}{t - s} . \tag{8.36}$$

Sofern die Grenzwerte (8.35) bzw. (8.36) existieren, erhält man nach Integration über x_s

$$\frac{\partial p_1(x_t, t/x_0, t_0)}{\partial t} = - \sum_{k=1}^{\infty} \frac{(-1)^k}{k!} \frac{\partial^k}{\partial x_t{}^k}$$
$$\times [K_k(x_t, t) \cdot p_1(x_t, t/x_0, t_0)], \quad t \geqq t_0 . \tag{8.37}$$

Wenn die $K_k(x, t)$ nicht ab einem bestimmten $k = k'$ verschwinden, dann kann anstelle der rechtsseitig stehenden Summe ein Integral geschrieben werden, und Ausdruck (8.37) ist einer Integro-Differentialgleichung äquivalent. Derartige Gleichungen sind typisch für

Markow-Prozesse mit Sprüngen, deren Trajektorien Unstetigkeiten aufweisen.

Zum Glück gibt es aber eine breite Klasse von allgemeinen Zufallsprozessen mit Markow-Charakter, für die alle $K_k(x, t) \equiv 0$ bei $k > 2$ – die Markowschen Diffusionsprozesse. In diesem Falle geht (8.37) über in die sogenannte Fokker-Planck-Gleichung

$$\frac{\partial p_1(x_t/x_0)}{\partial t} = -\frac{\partial}{\partial x_t}\left[K_1(x_t, t)\, p_1(x_t/x_0)\right] + \frac{1}{2}\frac{\partial^2}{\partial x_t^2}\left[K_2(x_t, t)\, p_1(x_t/x_0)\right]. \tag{8.38}$$

Bevor wir uns jedoch den Diffusionsprozessen zuwenden, wollen wir noch etwas bei den allgemeinen Markow-Prozessen verweilen. Für $t \to t_0$ strebt die bedingte Wahrscheinlichkeitsdichte gegen die Deltafunktion:

$$p_1(x_t, t_0/x_0, t_0) = \delta(x_t - x_0). \tag{8.39}$$

Gleichung (8.37) (und (8.38)) muß also mit der Anfangsbedingung (8.39) gelöst werden.

Die eindimensionale Verteilungsdichte $p_1(x_t, t)$ genügt derselben Gleichung (8.37) wie die Übergangswahrscheinlichkeit

$$\frac{\partial p_1(x_t, t)}{\partial t} = -\sum_{k=1}^{\infty} \frac{(-1)^k}{k!} \frac{\partial^k}{\partial x_t^k}\left[K_k(x_t, t)\, p_1(x_t, t)\right]. \tag{8.40}$$

Schreibt man nämlich

$$p_1(x_t, t) = \int_{-\infty}^{\infty} p_1(x_t, t/x_s, s)\, p_1(x_s, s)\, dx_s,$$

substituiert hier den Ausdruck (8.32) für die bedingte Wahrscheinlichkeit und wiederholt buchstäblich alle Operationen, die zur Ableitung von (8.37) notwendig waren, so kann man sich leicht von der Gültigkeit der Gleichung (8.40) überzeugen. Die Anfangsbedingungen

$$p_1(x_t, t)_{t=t_0} = p_1(x_t, t_0) \tag{8.41}$$

sind hier im Prinzip frei wählbar (innerhalb der Klasse der zugelassenen Verteilungen). Nebenbei gesagt folgt aus (8.40) die Beziehung (8.37). Wählt man nämlich als Anfangsbedingung für (8.40) die Deltaverteilung $p_1(x_t, t_0) = \delta(x_t - x_0)$, so entspricht das der Tatsache, daß $X(t)$ zum Zeitpunkt t_0 den Wert x_0 angenommen hat. Die Verteilung $p_1(x_t, t)$ stellt in diesem Falle den physikalischen Sinn nach die Übergangswahrscheinlichkeit $p_1(x_t, t/x_0, t_0)$ dar.

Die Gleichung (8.37) beschreibt das Verhalten der Übergangswahrscheinlichkeit in Abhängigkeit von $t \geqq t_0$, sie trägt also prospektiven Charakter. Man kann ähnlich wie bei den diskreten Markow-Prozessen die entsprechende retrospektive Gleichung — die Kolmogoroff-Gleichung — ableiten, indem man, ausgehend von der Smoluchowski-Beziehung (8.27) nicht $p_1(x_t/x_s)$, sondern $p_1(x_s/x_0)$ in der Form (8.32) substituiert und $s = t_0 + \Delta t$ setzt. Man erhält nach Abspaltung des ersten Summanden der Reihe

$$p_1(x_t, t/x_0, t_0) - p_1(x_t, t/x_0, t_0 + \Delta t)$$
$$= \sum_{k=1}^{\infty} \frac{1}{k!} m_k(t_0 + \Delta t, x_0, t_0) \frac{\partial^k}{\partial x_0{}^k}$$
$$\times \int_{-\infty}^{\infty} p_1(x_t, t/x_s, t_0 + \Delta t)\, \delta(x_s - x_0)\, \mathrm{d}x_s$$

bzw. nach Ausführung des Grenzüberganges $\Delta t \to 0$ und nachfolgender Integration über x_s

$$-\frac{\partial p_1(x_t, t/x_0, t_0)}{\partial t_0}$$
$$= \sum_{k=1}^{\infty} \frac{1}{k!} K_k(x_0, t_0) \frac{\partial^k}{\partial x_0{}^k} p_1(x_t, t/x_0, t_0), \quad t_0 \leqq t. \tag{8.42}$$

$K_k(x, t)$ ist durch (8.35) bzw. (8.36) bestimmt. Die Anfangsbedingung lautet ebenfalls

$$p_1(x_t, t/x_0, t) = \delta(x_t - x_0). \tag{8.43}$$

(8.42) mit der Bedingung (8.43) beschreibt das retrospektive Verhalten der Übergangswahrscheinlichkeit, also die Abhängigkeit von x_0 und t_0 für $t_0 \leqq t$.

Die prospektive (8.37) und die retrospektive (8.42) Gleichung charakterisieren das Auseinanderfließen der Übergangswahrscheinlichkeit mit wachsendem $t \geqq t_0$ bzw. fallendem $t_0 \leqq t$; die Anfangsverteilung ist in beiden Fällen die Deltafunktion. Eine anschaulische Deutung dieses Verhaltens ist im Falle der MARKOWschen Diffusionsprozesse möglich, denen wir uns jetzt zuwenden wollen.

8.4. Die Markowschen Diffusionsprozesse

Ein Zufallsprozeß ist rein stetig (oder stark stetig), wenn für jedes $\varepsilon > 0$ gilt ($\Delta t = t - s$)

$$\lim_{\Delta t \to 0} \frac{1}{\Delta t} \int\limits_{|x_t - x_s| \geqq \varepsilon} p_1(x_t, t/x_s, s)\, \mathrm{d}x_t = 0. \tag{8.44}$$

Die Wahrscheinlichkeit, daß $|X(t) - X(s)|$ bei fixiertem $X(s) = x_s$ größer oder gleich ε wird, ist für kleine $\Delta t = t - s$ von kleinerer Ordnung als Δt. Die Wahrscheinlichkeit einer wesentlichen Änderung des Prozesses während eines kleinen Zeitintervalls ist somit sehr klein (proportional $\Delta t^{(1+\eta)}$ mit $\eta > 0$).

Ein MARKOW-Prozeß wird als Diffusionsprozeß bezeichnet, wenn für jedes $\varepsilon > 0$ gilt

$$\lim_{\Delta t \to 0} \frac{1}{\Delta t} \int\limits_{|x_t - x_s| \geqq \varepsilon} (x_t - x_s)^2 p_1(x_t/x_s)\, \mathrm{d}x_t = 0, \tag{8.45}$$

$$\lim_{\Delta t \to 0} \frac{1}{\Delta t} \int\limits_{|x_t - x_s| < \varepsilon} (x_t - x_s)\, p_1(x_t/x_s)\, \mathrm{d}x_t = K_1(x_s, s), \tag{8.46}$$

$$\lim_{\Delta t \to 0} \frac{1}{\Delta t} \int\limits_{|x_t - x_s| < \varepsilon} (x_t - x_s)^2 p_1(x_t/x_s)\, \mathrm{d}x_t = K_2(x_s, s) > 0. \tag{8.47}$$

Die Bezeichnung „Diffusionsprozeß“ beruht darauf, daß die Bewegung eines diffundierenden Teilchens unter bestimmten Voraussetzungen durch derartige Prozesse beschrieben werden kann. Der zurückgelegte Weg eines Teilchens, das sich zum Moment s im Punkt x_s befand, kann während eines kleinen Zeitintervalls Δt als Summe zweier Bewegungsprozesse aufgefaßt werden, $x_t - x_s = K_1(x_s, t)\,\Delta t + \delta x + O(\Delta t^2)$, von denen der erste die makroskopische Geschwindigkeit der Flüssigkeit charakterisiert, der zweite eine Zufallsbewegung unter dem Einfluß der Teilchenstöße mit den umgebenden, thermisch fluktuierenden Molekülen. Dabei gilt $\langle(\delta x)^2\rangle = K_2(x_s, t)\Delta t$. $K_2(x_s, t)$ ist der mittleren Energie der Flüssigkeitsmoleküle in der Umgebung des Punktes x_s zum Zeitpunkt t proportional.

Der MARKOWsche Diffusionsprozeß ist rein stetig. Das Integral in (8.45) läßt sich nämlich nach unten abschätzen:

$$\frac{1}{\Delta t} \int\limits_{|x_t - x_s| \geqq \varepsilon} (x_t - x_s)^2\, p_1(x_t/x_s)\, \mathrm{d}x_t \geqq \frac{\varepsilon^2}{\Delta t} \int\limits_{|x_t - x_s| \geqq \varepsilon} p_1(x_t/x_s)\, \mathrm{d}x_t \geqq 0\,.$$

Da beide Seiten positiv sind, die linke Seite der Ungleichung jedoch nach (8.45) proportional $(\Delta t)^\eta$ (mit $\eta > 0$), strebt die rechte Seite für $\Delta t \to 0$ mindestens genauso schnell wie $(\Delta t)^\eta$ gegen Null. Die Forderung (8.45) ist somit etwas schärfer als (8.44).

Es gilt weiterhin

$$\frac{1}{\Delta t} \left| \int\limits_{|x_t - x_s| \geqq \varepsilon} (x_t - x_s)\, p_1(x_t/x_s)\, \mathrm{d}x_t \right| \leqq \frac{1}{\Delta t \cdot \varepsilon} \int\limits_{|x_t - x_s| \geqq \varepsilon} (x_t - x_s)^2\, p_1(x_t/x_s)\, \mathrm{d}x_t\,.$$

Die rechte Seite dieser Ungleichung strebt bei $\Delta t \to 0$ nach (8.45) gegen Null, der Grenzwert der linken Seite ist also ebenfalls Null. Damit läßt sich anstelle von (8.46) schreiben

$$\lim_{\Delta t \to 0} \frac{1}{\Delta t} \int_{-\infty}^{\infty} (x_t - x_s)\, p_1(x_t/x_s)\, \mathrm{d}x_t = K_1(x_s, s)\,. \quad (8.48)$$

Durch Summation der beiden Gleichungen (8.45) und (8.47) ergibt sich ferner

$$\lim_{\Delta t \to 0} \frac{1}{\Delta t} \int_{-\infty}^{\infty} (x_t - x_s)^2 p_1(x_t/x_s)\, \mathrm{d}x_t = K_2(x_s, s) > 0\,. \quad (8.49)$$

Die beiden letzten Formeln zeigen, daß die in (8.46) und (8.47) figurierenden Funktionen $K_2(x_s, s)$ und $K_2(x_s, s)$ genau den durch (8.35) definierten ersten beiden Koeffizienten entsprechen, so daß die gleiche Bezeichnungsweise gerechtfertigt ist.

Laut (8.49) ist der bedingte Mittelwert $\langle (X(t) - x_s)^2 \rangle = m_2(t, x_s, s)$ proportional $\Delta t = (t - s)$: $\langle (X(t) - x_s)^2 \rangle = K_2(x_s, t)\, \Delta t + O(\Delta t^2)$. Das bedeutet, daß die Streuung des Zuwachses bzw. die Wahrscheinlichkeit einer Zustandsänderung innerhalb eines kleinen Zeitintervalls positiv ist, obwohl die Wahrscheinlichkeit einer wesentlichen Änderung, wie wir eben feststellten, sehr klein ist. Die MARKOWschen Diffusionsprozesse verhalten sich gerade entgegengesetzt zu den diskreten MARKOW-Prozessen, bei denen die Wahrscheinlichkeit eines Sprunges innerhalb eines kleinen Zeitintervalls klein war (s. (8.17)), die Änderung nach einem Sprung aber sehr groß werden kann.

Im Unterschied zu den rein unstetigen MARKOW-Prozessen, zu denen auch die diskreten MARKOW-Prozesse gehören, besitzen die Diffusionsprozesse stetige Realisierungen (mit Wahrscheinlichkeit Eins). Die Übergangswahrscheinlichkeitsdichten der rein unstetigen MARKOW-Prozesse werden durch die Gleichungen (8.37) oder (8.42) bzw. die äquivalenten Integro-Differentialgleichungen beschrieben; die MARKOWschen Diffusionsprozesse genügen hingegen der doch bedeutend einfacher zu handhabenden FOKKER-PLANCK-Gleichung (8.38) bzw. der KOLMOGOROFF-Gleichung

$$-\frac{\partial p_1(x_t, t/x_0, t_0)}{\partial t_0} = K_1(x_0, t_0) \frac{\partial p_1(x_t/x_0)}{\partial x_0} + \frac{1}{2} K_2(x_0, t_0) \frac{\partial^2 p_1(x_t/x_0)}{\partial x_0^2}. \tag{8.50}$$

Tatsächlich folgt unter bestimmten Annahmen über die Übergangsdichte (Existenz der ersten und zweiten Ableitung der Übergangswahrscheinlichkeitsdichte $\frac{\partial p_1(x_t/x_0)}{\partial x_0}$ und $\frac{\partial^2 p_1(x_t/x_0)}{\partial x_0^2}$) aus der SMOLUCHOWSKI-EINSTEIN-Gleichung

$$p_1(x_t, t/x_0, t_0) = \int_{-\infty}^{\infty} p_1(x_t, t/x_s, s) \cdot p_1(x_s, s/x_0, t_0)\, \mathrm{d}x_s, \qquad t > s > t_0,$$

und der Identität

$$p_1(x_t, t/x_0, s) = p_1(x_t, t/x_0, s) \cdot \int_{-\infty}^{\infty} p_1(x_s, s/x_0, t_0)\, \mathrm{d}x_s$$

die Beziehung

$$\frac{p_1(x_t, t/x_0, t_0) - p_1(x_t, t/x_0, s)}{(s - t_0)} = \frac{1}{(s - t_0)} \int_{-\infty}^{\infty} p_1(x_s, s/x_0, t_0)\, [p_1(x_t, t/x_s, s) - p_1(x_t, t/x_0, s)]\, \mathrm{d}x_s .$$

Der Integrationsbereich kann aufgespalten werden,

$$\frac{p_1(x_t, t/x_0, t_0) - p_1(x_t, t/x_0, s)}{(s - t_0)} = \frac{1}{(s - t_0)} \int\limits_{|x_s - x_0| \geqq \varepsilon} p_1(x_s, s/x_0, t_0)\, [p_1(x_t, t/x_s, s) - p_1(x_t, t/x_0, s)]\, \mathrm{d}x_s$$
$$+ \frac{1}{(s - t_0)} \int\limits_{|x_s - x_0| > \varepsilon} p_1(x_s, s/x_0, t_0)\, [p_1(x_t, t/x_s, s) - p_1(x_t, t/x_0, s)]\, \mathrm{d}x_s ,$$

wobei der erste Summand infolge der Beschränktheit von $p_1(x_t, t/x_s, s)$ und auf Grund von (8.44) für $s \to t_0$ gegen Null strebt. Im Integranden des zweiten Summanden läßt sich $p_1(x_t, t/x_s, s)$ um den Punkt $x_s = x_0$ nach TAYLOR entwickeln, so daß

$$\frac{p_1(x_t, t/x_0, t_0) - p_1(x_t, t/x_0, s)}{(s - t_0)}$$
$$= \frac{1}{(s - t_0)} \int\limits_{|x_s - x_0| \geqq \varepsilon} p_1(x_s, s/x_0, t_0) \, [p_1(x_t, t/x_s, s) - p_1(x_t, t/x_0, s)] \, dx_s$$
$$+ \frac{1}{(s - t_0)} \frac{\partial p_1(x_t, t/x_0, s)}{\partial x_0} \int\limits_{|x_s - x_0| < \varepsilon} (x_s - x_0) \, p_1(x_s, s/x_0, t_0) \, dx_s$$
$$+ \frac{1}{2(s - t_0)} \frac{\partial^2 p_1(x_t, t/x_0, s)}{\partial x_0^2} \int\limits_{|x_s - x_0| < \varepsilon} (x_s - x_0)^2 \, p_1(x_s, s/x_0, t_0) \, dx_s$$
$$+ \frac{1}{(s - t_0)} \int\limits_{|x_s - x_0| < \varepsilon} O\big((x_s - x_0)^3\big) \, p_1(x_s, s/x_0, t_0) \, dx_s. \tag{8.51}$$

Lassen wir nun s gegen t_0 streben. Wie erwähnt, verschwindet dabei der in (8.51) auf der rechten Seite stehende erste Term, der zweite liefert in Übereinstimmung mit (8.46) $K_2(x_0, t_0) \frac{\partial p_1}{\partial x_0}$, der dritte konvergiert nach (8.47) gegen $K_2(x_0, t_0) \cdot \frac{1}{2} \frac{\partial^2 p_1}{\partial x_0^2}$, während der vierte für $\varepsilon \to 0$ gegen Null strebt. Da die linke Seite der Gleichung unabhängig von ε ist, der erste bis dritte Term ebenfalls nicht von ε abhängen, muß also der ε-abhängige vierte Term seinen ε-unabhängigen Grenzwert Null annehmen. Mit dem Grenzwert der rechten Seite existiert aber auch der Grenzwert der linken, und man erhält die KOLMOGOROFF-Gleichung (8.50) für MARKOWsche Diffusionsprozesse.

Vergleicht man die Formel (8.50) mit der unter der Voraussetzung der beliebig häufigen Differenzierbarkeit abgeleiteten Gleichung für die Übergangsdichten eines allgemeinen MARKOW-Prozesses (8.42), so darf man schlußfolgern, daß unter diesen Bedingungen für einen MARKOWschen Diffusionsprozeß

$$K_k(x, t) = 0 \quad \text{für} \quad k > 2. \tag{8.52}$$

In Wirklichkeit ist die Bedingung der Existenz aller Ableitungen der Übergangswahrscheinlichkeitsdichte viel zu hart. Die Erfüllung der Gleichung (8.52) kann durch wesentlich schwächere Einschränkungen garantiert werden, deren Formulierung allerdings eine etwas tiefere Bekanntschaft mit den Diffusionsprozessen voraussetzt. Für unsere Zwecke mag die Feststellung genügen, daß die MARKOWschen Diffusionsprozesse eng mit einer besonderen Klasse von Differentialgleichungen — den sog. stochastischen Differentialgleichungen — verknüpft sind, auf die im weiteren kurz eingegangen wird. Jeder MARKOWsche Diffusionsprozeß kann nun unter ganz schwachen Voraussetzungen [8] als Lösung einer derartigen stochastischen Differentialgleichung dargestellt werden, für die, wie wir sehen werden, (8.52) automatisch erfüllt ist.

Wir dürfen also resümieren, daß die MARKOWschen Diffusionsprozesse ähnlich den GAUSS-Prozessen durch Angabe nur zweier statistischer Kenngrößen $K_1(x, t)$ und $K_2(x, t)$ vollständig charakterisiert werden können. $K_1(x, t)$ wird gewöhnlich als Driftkoeffizient bezeichnet, $K_2(x, t)$ — als Diffusionskoeffizient. Da die $K_k(x, t)$ Auskunft über das statistische Verhalten in der Umgebung eines Punktes erteilen, werden sie häufig „lokale Charakteristika“ genannt.

Es sei noch bemerkt, daß das Verschwinden der lokalen Charakteristika höherer als zweiter Ordnung zusammen mit (8.48) und (8.49) hinreichend für den Diffusionscharakter eines MARKOW-Prozesses ist. In der Tat, wenn für ein bestimmtes $\eta > 0$

$$\lim_{\Delta t \to 0} \frac{1}{\Delta t} \int_{-\infty}^{\infty} |x_t - x_s|^{2+\eta}\, p_1(x_t/x_s)\, \mathrm{d}x_t = 0, \tag{8.53}$$

dann wird für $l = 1, 2$

$$\frac{1}{\Delta t} \left| \int\limits_{|x-x| \geqq \varepsilon} (x_t - x_s)^l \, p_1(x_t/x_s) \right|$$

$$\leqq \frac{1}{\Delta t \cdot \varepsilon^{l+\eta}} \int\limits_{-\infty}^{\infty} |x_t - x_s|^{l+\eta} \, p_1(x_t/x_s) \, \mathrm{d}x_t,$$

und die linke Seite strebt für $\Delta t \to 0$ mindestens genau so schnell wie die rechte gegen Null. Mit (8.48) und $l = 1$ folgt daraus (8.46), entsprechend ergibt sich für $l = 2$ aus (8.49) die Beziehung (8.47). Wenn nun alle $K_k(x, t) = 0$ für $k > 2$, so braucht beispielsweise η nur gleich 2 gesetzt zu werden, damit sich die Ungleichung (8.53) ergibt.

Der Prototyp eines MARKOWschen Diffusionsprozesses ist der in Kap. 7 behandelte WIENER-Prozeß. Durch Substitution von (7.60) prüft man leicht die Erfüllung der Zeilen (8.48), (8.49) und (8.52) nach. Die Übergangswahrscheinlichkeit des WIENER-Prozesses genügt mit $K_1 = 0$ und $K_2 = a^2$ der FOKKER-PLANCK-Gleichung

$$\frac{\partial p_1}{\partial t} = \frac{a^2}{2} \frac{\partial^2}{\partial \eta^2} p_1(\eta, t)$$

bzw. der KOLMOGOROFF-Gleichung

$$-\frac{\partial p_1(\eta, t/\eta_0, t_0)}{\partial t_0} = \frac{a^2}{2} \frac{\partial^2}{\partial \eta_0^2} p_1(\eta, t/\eta_0, t_0).$$

Die Bedeutung der MARKOWschen Diffusionsprozesse für systemanalytische Betrachtungen folgt aus der Tatsache, daß Diffusions- und Driftkoeffizient, ausgehend von physikalischen Überlegungen, bestimmt und damit die partiellen Differentialgleichungen (8.38) bzw. (8.50) mit Hilfe relativ gut ausgearbeiteter Lösungsverfahren untersucht werden können. Die Lösungen dieser parabolischen Differentialgleichungen liefern nicht nur die Übergangswahrscheinlichkeiten, sondern auf Grund des MARKOW-Charakters auch die n-dimensionale Verteilung

$$p_n(x_n, t_n, x_{n-1}, t_{n-1}, \ldots, x_1, t_1)$$
$$= p_1(x_n, t_n/x_{n-1}, t_{n-1}) \cdot p_1(x_{n-1}, t_{n-2}/x_{n-2}, t_{n-2})$$
$$\cdots p_1(x_2, t_2/x_1, t_1) \cdot p_1(x_1, t_1).$$

8.5. Fokker-Planck-Gleichung und Kolmogoroff-Gleichung

Da für MARKOWsche Diffusionsprozesse $K_k(x, t) = 0$ für $k > 2$, genügt die Wahrscheinlichkeitsdichte nach (8.40) der FOKKER-PLANCK-Gleichung

$$\frac{\partial p_1(x)}{\partial t} = -\frac{\partial}{\partial x}\left[K_1(x, t)\, p_1(x)\right] + \frac{1}{2}\frac{\partial^2}{\partial x^2}\left[K_2(x, t)\, p_1(x)\right]. \tag{8.54}$$

Hier wurde der Index t bei x_t weggelassen und für $p_1(x, t)$ kurz $p_1(x)$ gesetzt. Zusammen mit den Anfangsbedingungen

$$p_1(x)_{t=t_0} = \delta(x - x_0)$$

beschreibt die Lösung der Gleichung die Abhängigkeit der Übergangswahrscheinlichkeit $p_1(x, t/x_0, t_0) = p_1(x/x_0)$ von x und t. Die Lösung der KOLMOGOROFF-Gleichung (8.50) zusammen mit der Anfangsbedingung

$$p_2(x/x_0)_{t=t_0} = \delta(x - x_0)$$

charakterisiert das Verhalten der Übergangswahrscheinlichkeit in Abhängigkeit von x_0 und t_0.

Es werden nur solche Lösungen gesucht, für die die Normierungsbedingungen

$$\int_{-\infty}^{\infty} p_1(x/x_0)\,\mathrm{d}x = \int_{-\infty}^{\infty} p_1(x)\,\mathrm{d}x = 1$$

erfüllt sind.

Die FOKKER-PLANCK-Gleichung kann recht anschaulich interpretiert werden [19]: Jede einzelne Realisierung eines MARKOW-Prozesses kann als Bewegung eines abbildenden Punktes oder Teilchens aufgefaßt werden. Eine sehr große Anzahl derart sich bewegender Teilchen bildet ein diffundierendes Gas, dessen Dichte der Wahrscheinlichkeitsdichte proportional ist. Das Integral $\int\limits_{x_1}^{x_2} p_1(x)\,\mathrm{d}x$ entspricht dann der Teilchenanzahl im Intervall $[x_1, x_2]$. Zum Zeitpunkt t beträgt die Teilchenanzahl in diesem Intervall $\int\limits_{x_1}^{x_2} p_1(x, t)\,\mathrm{d}x$, zum Zeitpunkt $t + \Delta t$ hat sie sich auf $\int\limits_{x_1}^{x_2} p_1(x, t + \Delta t)\,\mathrm{d}x$ geändert. Diese Änderung der Teilchenzahl im Intervall $[x_1, x_2]$ während des Zeitraumes Δt kann infolge der Stetigkeit der Teilchenbewegung (der Trajektorien) nur durch den Teilchenfluß durch die Ebene $x = x_1$ im Zeitraum Δt, der mit $G(x_1)\Delta t$ bezeichnet werden soll, sowie durch den Teilchenabfluß $-G(x_2)\Delta t$ durch die Ebene $x = x_2$ hervorgerufen werden. Der Teilchenfluß $G(x)$ entspricht dabei einem Wahrscheinlichkeitsfluß. Da keine neuen Teilchen erzeugt werden bzw. keine Teilchen verschwinden, gilt für die Änderung der Teilchenanzahl

$$\int\limits_{x_1}^{x_2} p_1(x, t + \Delta t)\,\mathrm{d}x - \int\limits_{x_1}^{x_2} p_1(x, t)\,\mathrm{d}x = G(x_1)\,\Delta t - G(x_2)\,\Delta t$$

bzw. nach Division durch Δt und $x_2 - x_1$ sowie entsprechendem Grenzübergang

$$\frac{\partial p_1(x, t)}{\partial t} + \frac{\partial G(x)}{\partial x} = 0\,. \tag{8.55}$$

Diese Gleichung stellt eine Erhaltungsgleichung für die Wahrscheinlichkeit dar und entspricht den Diffusions- oder Wärmeleitungsgleichungen. Ein Vergleich mit der

Fokker-Planck-Gleichung (8.54) legt den Wahrscheinlichkeitsfluß fest zu

$$G(x) = K_1(x, t)\, p_1(x) - \frac{1}{2}\frac{\partial}{\partial x}\left[K_2(x, t)\, p_1(x)\right]. \quad (8.56)$$

Zur Lösung der Fokker-Planck-Gleichung müssen die Randbedingungen angegeben werden. Wenn die Zufallsvariable x alle möglichen Werte zwischen $-\infty$ und $+\infty$ annehmen kann, erhält man nach Integration von (8.55) in unendlichen Grenzen

$$\frac{\partial}{\partial t}\int\limits_{-\infty}^{\infty} p_1(x, t)\, \mathrm{d}x = -G(+\infty, t) + G(-\infty, t).$$

Die Normierungsbedingung muß aber für alle t erfüllt sein, so daß das links stehende Integral nicht von t abhängt und demzufolge die Randbedingung lautet

$$G(+\infty, t) = G(-\infty, t). \quad (8.57)$$

Wenn im Unendlichen keine Trajektorien beginnen bzw. wenn die abbildenden Punkte nicht im Unendlichen verschwinden können, dann werden der Verteilungsdichte durch die Randbedingungen noch zusätzliche Forderungen auferlegt:

$$G(+\infty, t) = G(-\infty, t) = 0. \quad (8.58)$$

Das gleiche gilt für den Fall eines begrenzten Variablengebietes $a \leqq x \leqq b$, wenn an der Grenze keine Trajektorien beginnen oder enden dürfen:

$$G(a, t) = G(b, t) = 0. \quad (8.59)$$

Natürlich sind noch eine Vielzahl anderer Randbedingungen möglich, die der jeweiligen physikalischen Aufgabenstellung angemessen sind. Beispielsweise verschwindet für die Mehrzahl der physikalisch sinnvollen

Systeme nicht nur der Wahrscheinlichkeitsfluß im Unendlichen, sondern auch die Wahrscheinlichkeitsdichte

$$p_1(+\infty, t) = p_1(-\infty, t) = 0, \tag{8.60}$$

da nur in Sonderfällen die Wahrscheinlichkeit des Auftretens unendlich großer Werte eines Zufallsprozesses von Null verschieden ist.

In einem weiteren Band werden einige Fragen der approximativen Lösung der Fokker-Planck-Gleichung behandelt werden, insbesondere das Auffinden stationärer, von der Anfangsverteilung unabhängiger Wahrscheinlichkeitsdichten. Es ist sinnvoll, diese Methoden an Hand konkreter Beispiele zu demonstrieren, so daß wir uns in diesem Band nur auf die Ableitung der Ausgangsgleichungen beschränken können.

8.6. Vektor-Markow-Prozesse und mehrdimensionale Fokker-Planck-Gleichung

Ein Vektor-Markow-Prozeß $\boldsymbol{X}(t)$ der Dimension m stellt einen Satz von m statistisch miteinander verkoppelten Zufallsprozessen $X_1(t), X_2(t), \ldots, X_m(t)$ dar, deren Gesamtheit Markow-Charakter aufweist. Der Vektorzufallsprozeß $\boldsymbol{X}(t)$ werde als Spaltenvektor dargestellt,

$$\boldsymbol{X}(t) = \big(X_1(t), X_2(t), \ldots, X_m(t)\big)^T, \tag{8.61}$$

und seine Realisierung mit $\boldsymbol{x}(t)$ bezeichnet. Zum Zeitpunkt t wird der Vektor der Realisierungen durch den Satz

$$\boldsymbol{x}_t = (x_{1;t}, x_{2;t}, \ldots, x_{m;t})^T \tag{8.62}$$

charakterisiert. Der erste Index bei $x_{i;t}$ gibt die Komponentennummer, der zweite den entsprechenden Zeitmoment an. Ein Element des m-dimensionalen Raumes wird wieder mit dem hochgestellten Index „0" versehen, also $\mathrm{d}\mathring{\boldsymbol{x}}_t = \mathrm{d}x_{1;t}\,\mathrm{d}x_{2;t} \cdots \mathrm{d}x_{m;t}$.

Die MARKOW-Bedingung lautet mit diesen Abkürzungen

$$p_m(\boldsymbol{x}_{t_n}^T, t_n/\boldsymbol{x}_{t_{n-1}}^T, t_{n-1}, \ldots, \boldsymbol{x}_{t_1}^T, t_1) = p_m(\boldsymbol{x}_{t_n}^T, t_n/\boldsymbol{x}_{t_{n-1}}^T, t_{n-1}),$$
$$t_1 < t_2 < \cdots < t_{n-1} < t_n, \tag{8.63}$$

oder in ausführlicher Schreibweise

$$\begin{aligned} &p_m(x_{1;t_n}, x_{2;t_n}, \ldots, x_{m;t_n}, t_n/x_{1;t_{n-1}}, x_{2;t_{n-1}}, \ldots, x_{m;t_{n-1}}, \\ &\qquad t_{n-1}, \ldots, x_{1;t_1}, x_{2;t_1}, \ldots, x_{m;t_1}, t_1) \\ &= p_m(x_{1;t_n}, x_{2;t_n}, \ldots, x_{m;t_n}/x_{1;t_{n-1}}, x_{2;t_{n-1}}, \ldots, x_{m;t_{n-1}}, t_{n-1}). \end{aligned} \tag{8.64}$$

Gleichung (8.63) bedeutet, daß der m-dimensionale Vektorprozeß $\boldsymbol{X}(t)$ MARKOW-Charakter trägt; der Zufallscharakter der einzelnen Vektorkomponenten $X_i(t)$ ist damit noch nicht festgelegt. In der Regel folgt aus der MARKOW-Eigenschaft des m-dimensionalen Vektors nicht, daß einzelne Komponenten oder niedererdimensionale Vektoren ebenfalls MARKOW-Charakter besitzen.

Die Situation ist hier die gleiche wie bei determinierten Prozessen ohne Nachwirkung. Wird das determinierte System (8.1) durch einen vollständigen Satz von Zustandsvariablen — den Zustandsvektor — beschrieben, so haben wir es mit einem Prozeß ohne Nachwirkung zu tun. Bei Ausschluß nur einer der Zustandsvariablen geht im allgemeinen diese Eigenschaft verloren. Analog wird in der Regel ein beliebiger $(m - 1)$-dimensionaler Vektor keinen MARKOW-Charakter mehr besitzen, wenn für den m-dimensionalen Vektor die MARKOW-Bedingung (8.63) erfüllt ist.

Wenn der m-dimensionale Vektor $\boldsymbol{X}(t)$ ein MARKOWscher Diffusionsprozeß ist, so genügt die Wahrscheinlichkeitsdichte der m-dimensionalen FOKKER-PLANCK-Gleichung

$$\begin{aligned} \frac{\partial p_m(\boldsymbol{x}^T, t)}{\partial t} &= -\sum_{K=1}^{m} \frac{\partial}{\partial x_k} [K_k'(\boldsymbol{x}^T, t)\, p_m(\boldsymbol{x}^T, t)] \\ &+ \frac{1}{2} \sum_{k=1}^{m} \sum_{l=1}^{m} \frac{\partial^2}{\partial x_k \cdot \partial x_l} [K_{k;l}'(\boldsymbol{x}^T, t)\, p_m(\boldsymbol{x}^T, t)] \end{aligned} \tag{8.65}$$

mit[1])

$$K_k'(\boldsymbol{x}^T, t) = \lim_{\Delta t \to 0} \frac{\langle X_k(t + \Delta t) - X_k(t)/\boldsymbol{X}^T(t) = \boldsymbol{x}^T \rangle}{\Delta t}$$

$$= K_{1;k}(\boldsymbol{x}^T, t), \qquad (8.66)$$

$$K'_{k;l}(\boldsymbol{x}^T, t)$$

$$= \lim_{\Delta t \to 0} \frac{\langle [X_k(t + \Delta t) - X_k(t)] \cdot [X_l(t + \Delta t) - X_l(t)]/\boldsymbol{X}^T(t) = \boldsymbol{x}^T \rangle}{\Delta t}$$

$$= K_{2,k;l}(\boldsymbol{x}^T, t). \qquad (8.67)$$

Die Ableitung der m-dimensionalen FOKKER-PLANCK-Gleichung erfolgt mit den gleichen Schritten wie im eindimensionalen Fall. Betrachten wir z. B. die FOKKER-PLANCK-Gleichung für die Übergangswahrscheinlichkeit. Ausgehend von der SMOLUCHOWSKI-EINSTEIN-Gleichung

$$p_m(\boldsymbol{x}_t^T, t/\boldsymbol{x}_0^T, t_0)$$

$$= \int_{-\infty}^{\infty} \cdots \int p_m(\boldsymbol{x}_t^T, t/\boldsymbol{x}_s^T, s)\, p_m(\boldsymbol{x}_s^T, s/\boldsymbol{x}_0^T, t_0)\, \mathrm{d}\mathring{\boldsymbol{x}}_s, \quad t_0 \leqq s \leqq t, \qquad (8.68)$$

läßt sich unter Verwendung der charakteristischen Funktion

$$h_m(\boldsymbol{\lambda}^T, \boldsymbol{x}_s^T, t, s) = \langle \mathrm{e}^{-i\boldsymbol{\lambda}^T(\boldsymbol{X}_t - \boldsymbol{X}_s)}/\boldsymbol{X}_s = \boldsymbol{x}_s \rangle$$

$$= \int_{-\infty}^{\infty} \cdots \int \mathrm{e}^{i \sum_{l=1}^{m} \lambda_l \cdot [x_{l;t} - x_{l;s}]} \cdot p_m(\boldsymbol{x}_t^T, t/\boldsymbol{x}_s^T, s)\, \mathrm{d}\mathring{\boldsymbol{x}}_t \qquad (8.69)$$

---

[1]) Die exakte Bezeichnung für die Driftkoeffizienten $K_K'(\boldsymbol{x}^T, t)$ eines Vektor-MARKOW-Prozesses müßte eigentlich $K_{1;K}(\boldsymbol{x}^T, t)$ lauten, für die Diffusionskoeffizienten $K'_{K;l}(\boldsymbol{x}^T, t)$ entsprechend $K_{2;K;l}(\boldsymbol{x}^T, t)$. Trotzdem ist selbst bei Weglassen des Strichindexes kaum eine Verwechslung mit den lokalen Charakteristika k-ter Ordnung eines skalaren MARKOW-Prozesses möglich, da der im Argument stehende Vektor $\boldsymbol{x}^T$ eindeutig darauf hinweist, daß sich der Index k bzw. die Indizes k und l auf die entsprechenden Komponenten des Vektorprozesses beziehen.

in Form ihrer Reihenentwicklung

$$h_m(\boldsymbol{\lambda}^T, \boldsymbol{x}_s^T, t, s) = \sum_{k=0}^{\infty} \frac{i^k}{k!} \sum_{r_1=1}^{m} \cdots \sum_{r_k=1}^{m} m_{k;r_1;r_2;\ldots;r_k} \times (t, \boldsymbol{x}_s^T, s) \cdot \lambda_{r_1} \cdot \lambda_{r_2} \cdots \lambda_{r_k} \tag{8.70}$$

mit

$$m_{k;r_1;r_2;\ldots;r_k}(t, \boldsymbol{x}_s^T, s) = \langle [X_{r_1}(t) - X_{r_1}(s)] \cdot [X_{r_2}(t) - X_{r_2}(s)] \cdots [X_{r_k}(t) - X_{r_k}(s)] / \boldsymbol{X}^T(s) = \boldsymbol{x}_s^T \rangle \tag{8.71}$$

durch Substitution der FOURIER-Rücktransformation der charakteristischen Funktion in (8.68) folgende Beziehung gewinnen:

$$p_m(\boldsymbol{x}_t^T, t/\boldsymbol{x}_0^T, t_0) = \frac{1}{(2\pi)^m} \sum_{k=0}^{\infty} \frac{1}{k!} \sum_{r_1=1}^{m} \cdots \sum_{r_k=1}^{m} \int_{-\infty}^{\infty} \cdots \int d\mathring{\boldsymbol{\lambda}} \cdot \lambda_{r_1} \cdot \lambda_{r_2} \cdots \lambda_{r_k} \, i^k \int_{-\infty}^{\infty} \int d\mathring{\boldsymbol{x}}_s \, e^{-i \sum_{l=1}^{m} \lambda_l (x_{l;t} - x_{l;s})} m_{k;r_1;r_2;\ldots;r_k}(t, \boldsymbol{x}_s^T, s) \, p_m(\boldsymbol{x}_s^T, s/\boldsymbol{x}_0^T, t_0). \tag{8.72}$$

Die $m_{k;r_1;r_2;r_k}$ sind dabei die bedingten gemischten Momente bei fixierten $\boldsymbol{x}_s^T$, also die Erwartungswerte der entsprechenden Zuwachsprodukte. Die Integration über $d\lambda$ kann wie in (8.33) durchgeführt werden, so daß nach Abspaltung des ersten Gliedes der Summe, Division durch $t - s = \Delta t$ und Grenzübergang $\Delta t \to 0$ gilt

$$\frac{\partial p_m(\boldsymbol{x}_t^T, t/\boldsymbol{x}_0^T, t_0)}{\partial t} = \sum_{k=1}^{\infty} \frac{(-1)^k}{k!} \sum_{r_1=1}^{m} \cdots \sum_{r_k=1}^{m} \int_{-\infty}^{\infty} \cdots \int \frac{\partial}{\partial x_{r_1;t}} \frac{\partial}{\partial x_{r_2;t}} \cdots \frac{\partial}{\partial x_{r_k;t}} \cdot \delta(x_{r_1;t} - x_{r_1;s}) \cdot \delta(x_{r_2;t} - x_{r_2;s}) \cdots \delta(x_{r_k;t} - x_{r_k;s}) \, K_{k;r_1;r_2;\ldots;r_k}(\boldsymbol{x}_s^T, t) \, p_m(\boldsymbol{x}_s^T, t/\boldsymbol{x}_0^T, t_0) \, d\mathring{\boldsymbol{x}}_s \tag{8.73}$$

mit

$$K_{k;r_1;r_2;r_k} = \lim_{\Delta t \to 0} \frac{\langle [X_{r_1}(t+\Delta t) - X_{r_1}(t)] \cdots [X_{r_k}(t+\Delta t) - X_{r_k}(t)] / \boldsymbol{X}^T(t) = \boldsymbol{x}_t^T \rangle}{\Delta t}. \tag{8.74}$$

Da der Prozeß ein Diffusionsprozeß sei und demzufolge die $K_{k;r_1;\ldots;r_k}$ für $k > 2$ verschwinden, erhält man folgende FOKKER-PLANCK Gleichung für die Übergangswahrscheinlichkeit:

$$\frac{\partial p_m(\boldsymbol{x}_t^T, t/\boldsymbol{x}_0^T, t_0)}{\partial t} = -\sum_{k=1}^{m} \frac{\partial}{\partial x_{k;t}} [K_k'(\boldsymbol{x}_t^T, t)\, p_m(\boldsymbol{x}_t^T, t/\boldsymbol{x}_0^T, t_0)] + \frac{1}{2} \sum_{k=1}^{m} \sum_{l=1}^{m} \frac{\partial^2}{\partial x_{k;t}\, \partial x_{l;t}} [K_{k;l}'(\boldsymbol{x}_t^T, t)\, p_m(\boldsymbol{x}_t^T, t/\boldsymbol{x}_0^T, t_0)], \tag{8.75}$$

die durch die Anfangsbedingungen

$$p_m(\boldsymbol{x}_t^T, t/\boldsymbol{x}_0^T, t_0)_{t=t_0} = \prod_{i=1}^{m} \delta(x_{i;t} - x_{i;0}) = \delta(\boldsymbol{x}_t^T - \boldsymbol{x}_0^T) \tag{8.76}$$

ergänzt werden muß.

Die mehrdimensionale KOLMOGOROFF-Gleichung hat folgendes Aussehen:

$$-\frac{\partial p_m[\boldsymbol{x}_t^T, t/\boldsymbol{x}_0^T, t_0)}{\partial t_0} = \sum_{k=1}^{m} K_k'(\boldsymbol{x}_0^T, t_0) \frac{\partial}{\partial x_{k;0}} p_m(\boldsymbol{x}_t^T, t/\boldsymbol{x}_0^T, t_0) + \frac{1}{2} \sum_{k=1}^{m} \sum_{l=1}^{m} K_{k;l}'(\boldsymbol{x}_0^T, t_0) \frac{\partial^2}{\partial x_{k;0} \partial x_{l;0}} p_m(\boldsymbol{x}_t^T, t/\boldsymbol{x}_0^T, t_0), \tag{8.77}$$

wobei die Anfangsbedingungen lauten

$$p_m(\boldsymbol{x}_t^T, t/\boldsymbol{x}_0^T, t_0)/_{t_0=t} = \delta(\boldsymbol{x}_t^T - \boldsymbol{x}_0^T). \tag{8.78}$$

Die FOKKER-PLANCK-Gleichung für die unbedingte Wahrscheinlichkeitsdichte (8.65) läßt sich, ausgehend von der Gleichung

$$p_m(\boldsymbol{x}_t{}^T, t) = \int_{-\infty}^{\infty} \cdots \int p_m(\boldsymbol{x}_t{}^T; t/\boldsymbol{x}_s{}^T; s) \cdot p_m(\boldsymbol{x}_s{}^T; s)\, d\mathring{\boldsymbol{x}}_s,$$

auf die gleiche Weise wie oben ableiten.

Exakte und approximative Lösungsverfahren der beiden Fundamentalgleichungen (8.65) und (8.77) der Theorie MARKOWscher Diffusionsprozesse werden in einem weiteren Band behandelt.

8.7. Markowsche Diffusionsprozesse als Lösungen gewöhnlicher Differentialgleichungen

Zum Abschluß dieses Kapitels soll die Verbindung zwischen den MARKOWschen Diffusionsprozessen und Systemen gewöhnlicher Differentialgleichungen hergestellt werden, um den Anwendungsbereich des mit den Diffusionsprozessen eng verbundenen Apparates der partiellen Differentialgleichungen abzustecken. Gelingt es uns nämlich, die Koeffizienten der FOKKER-PLANCK- bzw. der KOLMOGOROFF-Gleichung unmittelbar aus den entsprechenden Differentialgleichungssystemen zu bestimmen, so können wir die statistischen Beschreibungsgrößen wie z. B. die Übergangswahrscheinlichkeit der durch diese Differentialgleichungen beschriebenen Prozesse als Lösungen der FOKKER-PLANCK- oder KOLMOGOROFF-Gleichung gewinnen. In einem weiteren Band wird auf das Problem der Beschreibung MARKOWscher Diffusionsprozesse mit Hilfe entsprechender Differentialgleichungen ausführlicher eingegangen, hier wollen wir nur zeigen, für welche Klassen gewöhnlicher Differentialgleichungen die Lösungen durch MARKOWsche Diffusionsprozesse gegeben werden und ein plausibles Verfahren zur Bestimmung der in die FOKKER-PLANCK-Gleichung eingehenden Koeffizienten anführen.

Beginnen wir mit dem einfachsten Fall einer gewöhnlichen Differentialgleichung der Form

$$\dot{X}(t) = f(X, t) + g(X, t) \cdot Y(t), \tag{8.79}$$

wobei $Y(t)$ ein Zufallsprozeß sei, dessen Eigenschaften der weiteren Präzisierung unterliegen. Wir wollen zuerst annehmen, daß $Y(t)$ ein genügend glatter, zumindest stetiger Zufallsprozeß mit endlicher Streuung sei. Ohne Einschränkung der Allgemeinheit darf dabei angenommen werden, daß $\langle Y(t) \rangle = 0$, im anderen Fall muß der durch $\langle Y(t) \rangle$ bedingte Anteil mit zu f gerechnet werden. Die uns interessierenden Koeffizienten

$$K_k(x; t) = \lim_{\tau \to 0} \frac{\langle [X(t + \tau) - x(t)]^k \rangle}{\tau}, \tag{8.80}$$

die in die FOKKER-PLANCK-Gleichung eingehen, müssen folgenden Bedingungen genügen:

$$k_2 > 0; \quad K_s \equiv 0 \text{ für } s > 2, \tag{8.81}$$

die allerdings noch nicht hinreichend dafür sind, daß $X(t)$ ein MARKOW-Prozeß ist, sondern lediglich den Diffusionscharakter garantieren. Trotzdem führen uns die Überlegungen, die wir anstellen müssen, um (8.81) zu erfüllen, zumindest formal zum richtigen Ergebnis, dessen exaktere Begründung einem anderen Band vorbehalten sein soll.

Zur Bestimmung der Koeffizienten K_k muß der Zuwachs $X(t + \tau) - X(t)$ bei fixierten $X(t) = x_t$ bestimmt werden. Mit den Bezeichnungen $X(t + \tau) = X_\tau$; $X(t) = X_t$; $f(X(s), s) = f_s$; $g(X(s), s) = g_s$ gilt für den Zuwachs

$$X_\tau - X_t = \int_t^{t+\tau} f_s \cdot \mathrm{d}s + \int_t^{t+\tau} g_s \cdot Y(s) \, \mathrm{d}s. \tag{8.82}$$

Wenn f und g stetige Funktionen ihrer Argumente sind, dann existiert unter ganz schwachen Voraussetzungen eine Lösung der Gleichung (8.79) (die natürlich stetig ist), und nach dem Mittelwertsatz der Integralrechnung erhält man

$$X_\tau - X_t = f_\theta \cdot \tau + g_{\theta'} \cdot Y(\theta')\,'\,\tau, \qquad t \leqq \theta;\, \theta' \leqq t + \tau.$$

Da die Streuung von Y endlich sein soll, besitzt $X(t + \tau)$ ebenfalls nur eine endliche Streuung und $\langle (X_\tau - x_t)^2 \rangle$ ist proportional τ^2, d. h. $k_2 \equiv 0$ und Bedingung (8.81) nicht erfüllt.

Anders sieht es aus, wenn wir die Forderung nach endlicher Streuung des erzeugenden Prozesses $Y(t)$ fallenlassen. Nehmen wir nämlich an, daß $Y(t)$ ein deltakorrelierter (weißer) Prozeß sei,

$$\langle Y(t) \cdot Y(t + \tau) \rangle = r(t)\, \delta(t);$$

$$\langle Y(t_1) Y(t_2) Y(t_3) \rangle = r_3(t_1)\, \delta(t_2 - t_1)\, \delta(t_3 - t_1) + \alpha_3(t_1, t_2, t_3),$$

$$\langle Y(t_1) \cdots Y(t_k) \rangle = r_k(t_1) \prod_{s=2}^{k} \delta(t_s - t_1) + \alpha_k(t_1, \ldots, t_k),$$

wobei α_k Produkte von nicht mehr als $k - 1$ Deltafunktionen enthält, und setzen weiterhin voraus, daß $g(X; t)$ nur von t abhängt, so treten bei der Bestimmung der k-ten bedingten Momente $\langle (X_\tau + x_t)^k \rangle$ folgende k-fachen Integrale auf:

$$\int_t^{t+\tau} \!\!\cdots\! \int \mathrm{d}s_1 \ldots \mathrm{d}s_k \,\langle Y(s_1) \ldots Y(s_k) \rangle\, g(s_1) \ldots g(s_k)$$

$$= \int_t^{t+\tau} \!\!\cdots\! \int \mathrm{d}s_1 \ldots \mathrm{d}s_k\, g(s_1) \ldots g(s_k)\, [\delta(s_2 - s_1) \ldots \delta(s_k - s_1) + \alpha_k]$$

$$= \int_t^{t+\tau} g^K(s_1) \mathrm{d}s_1 + O(\tau),$$

$$\int_t^{t+\tau} \!\!\cdots\! \int \mathrm{d}s_1 \ldots \mathrm{d}s_k \langle Y(s_1) \cdots Y(s_{k-1})\, f s_k \rangle\, g(s_1) \cdots g(s_{k-1}) = O(\tau^2)$$

usw., von denen nur das erste proportional τ ist. Man sieht, daß im Falle eines allgemeinen deltakorrelierten Prozesses alle K_k von Null verschieden sein können. Um aus (8.79) einen MARKOWschen Diffusionsprozeß zu gewinnen, müssen die Forderungen an den erzeugenden Prozeß noch weiter präzisiert werden. Die Bedingung (8.81) läßt sich offensichtlich nur erfüllen, wenn man annimmt, daß der erzeugende Prozeß nicht nur deltakorreliert, sondern auch gaußsch ist, Bezeichnen wir wie in Kapitel 7 den weißen GAUSSschen Rauschprozeß mit $\xi(t)$, wobei

$$\langle \xi(t) \rangle = 0; \quad \langle \xi(t+\tau)\xi(t) \rangle = r(t)\delta(\tau);$$
$$k_{s\xi}(t_1, \ldots, t_s) \equiv 0 \quad \text{für} \quad s > 2. \qquad (8.83)$$

Die Mittelwerte $\langle \xi(t_1) \cdot \xi(t_2) \cdots \xi(t_k) \rangle$ verschwinden bei ungradzahligem k und enthalten bei gradzahligem k höchstens Produkte mit $1/2k$ Deltafunktionen (s. Kap. 7). Nach den obigen Überlegungen sind damit alle K_k identisch Null für $k > 2$.

Der Zuwachs der Zufallsfunktion $X(t)$, den wir zur Bestimmung von K_1 und K_2 benötigen, ist unter den getroffenen Voraussetzungen gleich

$$X_\tau - X_t = \int_t^{t+\tau} f(X, s)\,\mathrm{d}s + \int_t^{t+\tau} g(s)\,\xi(s)\,\mathrm{d}s. \qquad (8.84)$$

Die Mittelwertbildung läßt infolge $\langle \xi(s) \rangle = 0$ das letzte Glied verschwinden, und man erhält

$$\langle X_\tau - x_t \rangle = \int_t^{t+\tau} \langle f(X(s), s) \rangle\,\mathrm{d}s$$
$$= \langle f(X(\theta), \theta)/X_t = x_t \rangle \cdot \tau, \qquad t \leqq \theta \leqq t + \tau.$$

Für $\tau \to 0$ strebt $X(\theta)$ gegen den fixierten Wert x_t, so daß

$$K_1(x, t) = f(x, t).$$

Etwas vorsichtiger muß man bei der Bestimmung von K_2 vorgehen. Der Mittelwert des Zuwachsquadrates ist

$$
\begin{aligned}
\langle (X_\tau - x_t)^2 \rangle &= \int_t^{t+\tau}\!\!\int \langle f(X(s), s) \cdot f\langle (X(s'), s') \rangle \, \mathrm{d}s \, \mathrm{d}s' \\
&\quad + 2 \int_t^{t+\tau}\!\!\int \langle f(X(s), s) \cdot \xi(s') \rangle \cdot g(s') \, \mathrm{d}s \, \mathrm{d}s' \\
&\quad + \int_t^{t+\tau}\!\!\int g(s) g(s') \, \langle \xi(s) \, \xi(s') \rangle \, \mathrm{d}s \, \mathrm{d}s'. \qquad (8.85)
\end{aligned}
$$

Das erste Integral kann vernachlässigt werden, da es proportional τ^2 ist, das letzte wird proportional τ, da

$$
\begin{aligned}
\int_t^{t+\tau}\!\!\int g(s) g(s') \cdot \langle \xi(s) \xi(s') \rangle \, \mathrm{d}s \, \mathrm{d}s' &= \int_t^{t+\tau}\!\!\int g(s) g(s') r(s) \delta(s - s') \, \mathrm{d}s \, \mathrm{d}s' \\
&= \int_t^{t+\tau} g^2(s) \, r(s) \, \mathrm{d}s = \tau \cdot g^2(t) \, r(t) + O(\tau^2).
\end{aligned}
$$

Bleibt das zweite Doppelintegral übrig. Um die Ordnung dieses Terms abzuschätzen, muß der Grad der Korrelation zwischen $f(X(s), s)$ und $\xi(s')$ festgestellt werden. Dazu wird $f(X, s)$ in der Form

$$
f(X, s) = f(X, s) + \frac{\partial f(x_{t;s})}{\partial x_t} (X - x_t) + O[(X - x_t)^2]
$$

bzw.

$$
\begin{aligned}
\int_t^{t+\tau}\!\!\int \langle f(X, s) \, \xi(s') \rangle g(s') \rangle \, \mathrm{d}s \, \mathrm{d}s' &= \int_t^{t+\tau}\!\!\int \langle f(x_t, s) \, \xi(s') \\
&\quad + \frac{\partial_f(x_{t;s})}{\partial x_t} \big(X(s) - x_t\big) \xi(s') \\
&\quad + O[(X(s) - x_t)^2] \cdot \xi(s') \rangle g(s') \, \mathrm{d}s \, \mathrm{d}s.' \qquad (8.86)
\end{aligned}
$$

dargestellt. Das erste Glied ist Null, das zweite wird unter Beachtung von (8.84) gleich

$$\int\int\limits_t^{t+\tau} \frac{\partial f(x_t,s)}{\partial x_t} \left\langle \left[\int\limits_t^s f\big(X(s''), s''\big)\,\mathrm{d}s'' + \int\limits_t^s g(s'')\,\xi(s'')\,\mathrm{d}s'' \right] \xi(s') \right\rangle \times g(s')\,\mathrm{d}s\,\mathrm{d}s'$$

und damit ebenfalls proportional τ^2. Das dritte Glied in (8.86) ist dann offensichtlich mindestens proportional τ^3. Man gewinnt also für K_2 die Gleichung

$$K_2(x, t) = g^2(t) \cdot r(t). \tag{8.87}$$

Bleibt zu zeigen übrig, daß der durch (8.84) bzw. durch die formal äquivalente Differentialgleichung

$$\dot{X} = f(X, t) + g(t)\,\xi(t) \tag{8.88}$$

definierte Diffusionsprozeß MARKOW-Charakter besitzt. Dazu genügt es, nachzuweisen, daß die Zuwächse des Prozesses während einander nicht überdeckender Zeitintervalle $[t_1, t_2]$, $[t_3, t_4]$, ... voneinander unabhängig sind. Die Unabhängigkeit der Zuwächse ist jedoch ziemlich offensichtlich, da für beliebige $r_i \geqq 0$

$$\begin{aligned} &\langle \big(X(t_k) - X(t_{k-1})\big)^{r_1} \cdots \langle \big(X(t_2) - X(t_1)\big)^{r_n} \rangle \\ &= \langle \big(X(t_k) - X(t_{k-1})\big)^{r_1} \rangle \cdots \langle \big(X(t_2) - X(t_1)\big)^{r_n} \rangle. \end{aligned}$$

In der Tat wird der Zuwachs nach (8.84) nur durch den Anfangswert X_t und das weiße GAUSSsche Rauschen innerhalb des Intervalls $[t, t + \tau)$ beeinflußt und hängt weder von den vorangegangenen Werten des Prozesses noch vom weißen Rauschen im vorhergehendem Intervall ab. Mathematisch kommt das darin zum Ausdruck daß die Mittelwerte der Art

$$\left\langle \left(\int_{t_1}^{t_2} g(s_1)\, \xi(s_1)\, \mathrm{d}s_1 \right)^{r_1} \cdots \left(\int_{t_j}^{t_{j+1}} g(s_k) \xi(s_k)\, \mathrm{d}s_k \right)^{r_n} \right\rangle$$

$$= \left\langle \left(\int_{t_1}^{t_2} g(s_1)\, \xi(s_1)\, \mathrm{d}s_1 \right) \right\rangle \cdots \left\langle \left(\int_{t_j}^{t_{j+1}} g(s_k)\, \xi(s_k)\, \mathrm{d}s_k) \right)^{r_n} \right\rangle$$

und

$$\left\langle \left(\int_{t_1}^{t_2} f(X(s_1), s_1)\, \mathrm{d}s_1 \right)^{r_1} \left(\int_{t_j}^{t_{j+1}} g(s_2)\, \xi(s_2)\, \mathrm{d}s_2 \right)^{r_2} \right\rangle$$

$$= \left\langle \left(\int_{t_1}^{t_2} f(X(s_2, s_1)\, \mathrm{d}s_1 \right)^{r_1} \right\rangle \cdot \left\langle \left(\int_{t_j}^{t_{j+1}} g(s_2)\, \xi(s_2)\, \mathrm{d}s_2 \right)^{r_2} \right\rangle$$

usw. in das Produkt ihrer Mittelwerte zerfallen. Die Unabhängigkeit der Mittelwerte ist hier unmittelbare Folge der Deltakorrelation des Störterms in (8.84). Für einen Rauschprozeß mit endlicher Korrelationsdauer anstelle des weißen GAUSSschen Rauschens in (8.88) werden die Zuwächse des Prozesses $X(t)$ sofort voneinander abhängig.

Die gleichen Überlegungen gelten für die in der Praxis genauso stark interessierenden Differentialgleichungssysteme der Art

$$\dot{X}_i = f_i(X_1, \ldots, X_n; t) + \sum_{s=1}^{n} g_{i;s}(t)\, \xi_s(t), \qquad i = 1, \ldots, n, \tag{8.89}$$

bzw. in vektorieller Form

$$\dot{\boldsymbol{X}} = \boldsymbol{F}(\boldsymbol{X}^T, t) + \boldsymbol{G}(t)\, \boldsymbol{\xi}(t). \tag{8.90}$$

Hier sind die $\xi_s(t)$ voneinander unabhängige weiße GAUSSsche Rauschprozesse, d. h. $\langle \xi_i(t + \tau)\, \xi_j(t) \rangle = \delta_{i,j} \cdot \delta(\tau) \cdot r_i(t)$, $\boldsymbol{G}(t)$ die Matrix der Koeffizienten $g_{i,s}(t)$ und $\boldsymbol{F}$ der aus den f_i gebildeten Vektor. Die $\xi_s(t)$ sind zum Vektor $\boldsymbol{\xi}$ zusammengefaßt worden.

Nach Rechnungen, die den im eindimensionalen Fall durchgeführten völlig analog sind, gewinnt man die

Koeffizienten der mehrdimensionalen FOKKER-PLANCK- bzw. KOLMOGOROFF-Gleichung

$$K_k'(\boldsymbol{x}^T; t) = f_k(\boldsymbol{x}^T; t), \tag{8.91}$$

$$K_{k,l}'(\boldsymbol{x}^T; t) = \sum_{s=n}^{n} g_{k,s}(t) \cdot g_{l,s}(t) \cdot r_s(t). \tag{8.92}$$

Wir sehen also, daß die MARKOWschen Diffusionsprozesse eng mit den weißen GAUSSschen Rauschprozessen zusammenhängen. Allerdings muß man den sehr formalen Charakter unserer Argumentation unterstreichen. Tatsächlich verliert ja die Differentialgleichung bzw. das entsprechende Differentialgleichungssystem seinen Sinn, wenn die Inhomogenitätsterme $\xi(t)$ bzw. $\sum_{s=1}^{n} g_{i,s} \cdot \xi_s$ fast überall unstetig werden, wie das für weiße Rauschprozesse der Fall ist. Selbst wenn die Differentialgleichungen als formale Schreibweise für die entsprechenden Integralgleichungen aufgefaßt werden, lassen sich diese Schwierigkeiten nicht eliminieren, da das RIEMANNsche Integral nach LEBESGUE nur existiert, wenn die unter dem Integral stehende Funktion fast überall stetig ist.

Trotz dieser mathematischen Schwierigkeiten, die, wie in einem späteren Band gezeigt wird, bei entsprechender Definition der in (8.89) bzw. (8.90) eingehenden Differentiale umgangen werden können, kann in vielen Fällen relativ unbesorgt mit den Differentialgleichungssystemen (8.90) gearbeitet werden. Wenn der real existierende Prozeß entweder durch ein Gleichungssystem der Art (8.90) beschrieben wird oder auf eine solches System zurückgeführt werden kann, wobei die $\xi_s(t)$ natürlich nur als fast weiße GAUSS-Prozesse verstanden werden können, da ja der weiße Rauschprozeß auf Grund seiner unendlichen Leistung (Streuung) physikalisch nicht existiert, so kann man den durch das System (8.90) erzeugten Prozeß als MARKOWschen Diffusionsprozeß ansehen und die Koeffizienten (8.91) und (8.92) zur Berechnung der Übergangswahrscheinlichkeit mit Hilfe der FOKKER-PLANCK- bzw. KOLMOGOROFF-Gleichung heranziehen.

Die Qualität der Approximation des realen Prozesses $X(t)$ durch einen Vektor-Markow-Prozeß ist um so besser, je „weißer" der erzeugende Prozeß ist, d. h., je geringer die Korrelationsdauer des erzeugenden Prozesses im Vergleich zur Zeitkonstante des Systemes ist.

Abschließend sei noch bemerkt, daß für Systeme

$$\dot{X}_i = f_i(X_1, \ldots, X_n; t) + \sum_{s=1}^{n} g_{i,s}(X_1, \ldots, X_n; t) \cdot \xi_s(t), \tag{8.93}$$

bei denen die $g_{i,s}$ noch von $\boldsymbol{X}$ abhängen, die Koeffizienten der Fokker-Planck-Gleichung gegeben werden durch

$$K_i'(\boldsymbol{x}^T; t) = f_i(\boldsymbol{x}^T; t) + \frac{1}{2} \sum_{s=1}^{n} \sum_{l=1}^{n} \frac{\partial g_{i,s}(\boldsymbol{x}^T; t)}{\partial x_l} g_{l,s}(\boldsymbol{x}^T; t)\, r_s(t), \tag{8.94}$$

$$K'_{i,j}(\boldsymbol{x}^T; t) = \sum_{s=1}^{n} g_{i,s}(\boldsymbol{x}^T; t)\, g_{j,s}(\boldsymbol{x}^T \cdot t)\, r_s(t). \tag{8.95}$$

Einen Beweis müssen wir an dieser Stelle schuldig bleiben, wollen aber der Vollständigkeit halber diese Aussage hier anführen, um dem Leser die Möglichkeit zu geben, gegebenenfalls mit diesen Gleichungen zu arbeiten.

Zitierte Literatur

[1] Хазен, Э. М., Методы оптимальных статистических решений и задачи оптимального управления, Из-во Советское Радио, Москва 1968.

[2] Cramér, H., Mathematical Methods of Statistics, Princeton 1946.

[3] Doob, J. L., Stochastic Processes, J. Wiley & Sons, New York, Chapman & Hall, London 1953.

[4] Fisz, M., Wahrscheinlichkeitsrechnung und mathematische Statistik, VEB Deutscher Verlag der Wissenschaften, Berlin 1966 (aus dem Polnischen).

[5] Feller, W., An Introduction to Probability Theory and Its Applications, J. Wiley & Sons, Inc., New York 1957.

[6] Feller, W., On the Integro-Differential Equation of Purely Discontinous Markov Processes, Trans. Amer. Math. Soc. **48** (1940).

[7] Гельфанд, И. М., Обобщенные случайные процессы, Доклады Академии Наук СССР **100**, № 5 (1955), 853–856.

[8] Gichman, I. I., und Skorochod, A. W., Stochastische Differentialgleichungen, Akademie-Verlag, Berlin 1971 (aus dem Russischen).

[9] Gnedenko, B. W., Lehrbuch der Wahrscheinlichkeitsrechnung, 6. Aufl., Akademie-Verlag, Berlin 1970 (aus dem Russischen).

[10] Gnedenko, B. W., und Kolmogorov, A. N., Grenzverteilungen von Summen unabhängiger Zufallsgrößen, 2. Aufl., Akademie-Verlag, Berlin 1960 (aus dem Russischen).

[11] Karhunen, K., Über lineare Methoden in der Wahrscheinlichkeitsrechnung, Ann. Acad. Sci. Fennicae **A 1**, Nr. 37, Helsinki 1947.

[12] Karhunen, K., Zur Spektraltheorie stochastischer Prozesse, Ann. Acad. Sci. Fennicae **A 1**, Nr. 34, Helsinki 1946.

[13] Khintchine, A., Korrelationstheorie der stationären stochastischen Prozesse, Math. Annalen **109** (1934), 604–615.

[14] Kolmogoroff, A. N., Grundbegriffe der Wahrscheinlichkeitsrechnung, Ergebnisse der Mathematik und ihrer Grenzgebiete, Bd. 2, Springer-Verlag, Berlin 1933.

[15] Кузнецов, П. И., Стратонович, Р. Л., Тихонов, В. И., Прохождение некоторых случайных функции через линейные системы, Автоматика и Телемеханика **14**, № 2 (1953).

[16] Левин, Б. Р., Теоретические основы статистической радиотехники, Из-во Советское радио, Москва 1969.

[17] Paley, R., and Wiener, N., Fourier Transforms in the Complex Domain, Publ. by the Amer. Math. Soc., New York 1934.

[18] Пугачев, В. С., Теория случайных функций и ее применение к задачам автоматического управления, Из-во ФМЛ, Москва 1962.

[19] Стратонович, Р. Л., Избранные вопросы теории флуктуаций в радиотехнике, Из-во Советское Радио, Москва 1961.

[20] Wiener, N., Extrapolation, Interpolation and Smoothing of Stationary Time Series, The Techn. Press of the MIT and J. Wiley & Sons, New York 1950.

[21] Wiener, N., Nonlinear Problems in the Random Theory, The Techn. Press of the MIT and J. Wiley & Sons, New York 1958.

Namen- und Sachverzeichnis

Der Autor

- **behandelt die wahrscheinlichkeitstheoretischen Grundlagen zur Beschreibung von Zufallsprozessen**

- **untersucht die für die Analyse und Synthese stochastischer Systeme wichtigsten Zufallsfunktionen**

- **verfolgt damit das Ziel, notwendige Kenntnisse für die Behandlung stochastischer Systeme zu vermitteln**

- **wendet sich an alle Wissenschaftler, die heute mit stochastischen Systemen zu tun haben**

WISSENSCHAFTLICHE TASCHENBÜCHER

www.ingramcontent.com/pod-product-compliance
Lightning Source LLC
LaVergne TN
LVHW092106300926
849161LV00002B/62